单片机应用与调试项目教程（C语言版）

主　编　李英辉
副主编　曲昀卿　刘瑞涛　程俊红　王大为
主　审　任志刚　王　薇
参　编　冯　帆　崔　成　张　华　容海亮　许彦强

北京理工大学出版社
BEIJING INSTITUTE OF TECHNOLOGY PRESS

内 容 简 介

本书由高校骨干教师、项目研发人员和企业工程师共同编写，是一本基于工作过程并适合开放式教学改革的创新型教材。编者从职业技能岗位出发，采用项目驱动编写方式，构建了灯光控制系统设计、电子时钟控制系统设计、电动机控制系统设计、通信控制系统设计和智能电子产品设计 5 个学习项目，每个项目按照知识由简单到复杂、技能由单一到综合的原则设计了 2~3 个学习任务。该书内容全面、设计新颖、结构合理，涵盖了单片机实际应用中的关键知识和核心技能。

本书适合作为高职高专院校电气自动化、机电一体化、电子信息、应用电子、计算机应用等相关专业教材，同时，也可作为工程技术人员参考书或社会培训机构培训教材。

版权专有　侵权必究

图书在版编目（CIP）数据

单片机应用与调试项目教程：C 语言版/李英辉主编. —北京：北京理工大学出版社，2018.7（2021.1 重印）
ISBN 978 – 7 – 5682 – 5920 – 0

Ⅰ.①单… Ⅱ.①李… Ⅲ.①单片微型计算机 – 高等学校 – 教材②C 语言 – 程序设计 – 高等学校 – 教材　Ⅳ.①TP368.1②TP312.8

中国版本图书馆 CIP 数据核字（2018）第 162769 号

出版发行 / 北京理工大学出版社有限责任公司
社　　址 / 北京市海淀区中关村南大街 5 号
邮　　编 / 100081
电　　话 / (010) 68914775（总编室）
　　　　　 (010) 82562903（教材售后服务热线）
　　　　　 (010) 68948351（其他图书服务热线）
网　　址 / http://www.bitpress.com.cn
经　　销 / 全国各地新华书店
印　　刷 / 三河市华骏印务包装有限公司
开　　本 / 787 毫米×1092 毫米　1/16
印　　张 / 13　　　　　　　　　　　　　　　　　责任编辑 / 王玲玲
字　　数 / 310 千字　　　　　　　　　　　　　　文案编辑 / 王玲玲
版　　次 / 2018 年 7 月第 1 版　2021 年 1 月第 3 次印刷　责任校对 / 周瑞红
定　　价 / 34.00 元　　　　　　　　　　　　　　责任印制 / 施胜娟

图书出现印装质量问题，请拨打售后服务热线，本社负责调换

本项目教程根据示范性高职院校项目式课程教学改革精神，结合编者多年的企业设计与职业教育教学经验，以行业发展趋势、企业技术需求和工作岗位实际为依据，以项目式任务驱动理念为思路，以理论知识与实践技能为线索进行知识点和技能点重构，融入职业素养要求，按照"知识由简单到复杂，技能由单一到综合"的思路设计了5个学习项目，即灯光控制系统设计、电子时钟控制系统设计、电动机控制系统设计、通信控制系统设计及智能电子产品设计。

本项目教程特色如下：①以就业为导向，紧跟行业发展趋势，贴近企业需求，结合职业标准和职业资格，注重学生综合素质培养，以实现学生"零距离"就业；②以通用性、科学性为原则，合理安排学习内容，以项目导向、任务驱动为手段，以实现学生全面发展，满足课程标准要求；③以理论知识和技能训练相结合，融入职业素养，适应当前高职教育发展；④引入过程考核机制，适用教师主导、学生主体开放式教学形式，转变教师和学生角色，促进师生互动、学生团队学习和经验分享，营造快乐学习的氛围。

本项目教程由石家庄职业技术学院李英辉主编，石家庄伟纵电子科技有限公司任志刚主审，石家庄职业技术学院曲昀卿、刘瑞涛、程俊红和咸阳职业技术学院王大为副主编，陆军军医大学士官学校冯帆、石家庄职业技术学院崔成、张家口职业技术学院李少清和河北沃邦电力科技有限公司许彦强参编。李英辉对本书的编写思路和大纲进行了总体规划，指导全书的编写，其中项目一由曲昀卿编写，项目二、项目三由李英辉编写，项目四由王大为编写、项目五由刘瑞涛编写，程俊红、李英辉负责电路设计、程序设计和仿真调试，冯帆、崔成、李少清负责素材搜集、书稿整理和课件制作等，许彦强提供部分项目案例，本书在选题、撰稿到出版的全过程中，得到了石家庄职业技术学院各位领导和老师的大力支持和帮助，他们提出了许多宝贵的意见和建议，在此一并表示衷心感谢。

为方便教师教学，本书配有电子课件、硬件电路、软件程序、软件安装包等，请与出版社或作者联系获得更多教学服务支持。

由于时间紧迫和编者水平有限，书中难免会有不妥之处，敬请广大读者和专家批评指正（请发邮件至106735278@qq.com）。

编 者

目录

▶ **项目一　灯光控制系统设计** ··· 1

任务1　单片机最小系统设计 ··· 1

  知识导航 ··· 2
    一、单片机基础 ··· 2
    二、单片机最小系统 ··· 4
  任务实施 ··· 7
    一、设计方案 ··· 7
    二、元器件清单 ··· 7
    三、硬件电路 ··· 7
  拓展知识 ··· 8
  技能训练 ··· 11
  思考练习 ··· 12

任务2　LED 灯闪烁控制系统设计 ··· 13

  知识导航 ··· 13
    一、存储器结构 ··· 13
    二、延时函数 ··· 15
    三、Keil 软件基本操作 ·· 16
  任务实施 ··· 18
    一、设计方案 ··· 18
    二、软件程序 ··· 19
    三、仿真调试 ··· 19
  拓展知识 ··· 19
    一、Proteus 和 Keil 软件联调 ··· 19
    二、PROGISP 软件操作 ··· 23
  技能训练 ··· 23
  思考练习 ··· 25

任务3　流水灯控制系统设计 ··· 26

  知识导航 ··· 26
    一、并行 I/O 端口 ·· 26
    二、位运算符 ··· 29
  任务实施 ··· 30
    一、硬件电路 ··· 30

二、软件程序 ……………………………………………………………………… 31
　　三、系统调试 ……………………………………………………………………… 32
拓展知识 ……………………………………………………………………………… 32
　　一、头文件 ………………………………………………………………………… 32
　　二、C51 数据类型 ………………………………………………………………… 33
技能训练 ……………………………………………………………………………… 34
思考练习 ……………………………………………………………………………… 35

▶项目二　电子时钟控制系统设计 …………………………………………………… 37

任务 1　数码管静态显示控制系统设计 …………………………………………… 37
知识导航 ……………………………………………………………………………… 38
　　一、数码管结构及显示原理 ……………………………………………………… 38
　　二、数码管静态显示原理 ………………………………………………………… 39
任务实施 ……………………………………………………………………………… 40
　　一、硬件电路 ……………………………………………………………………… 40
　　二、软件程序 ……………………………………………………………………… 40
　　三、系统调试 ……………………………………………………………………… 41
拓展知识 ……………………………………………………………………………… 41
　　数码管硬译码工作原理 …………………………………………………………… 41
技能训练 ……………………………………………………………………………… 43
思考练习 ……………………………………………………………………………… 45

任务 2　数码管动态扫描控制系统设计 …………………………………………… 46
知识导航 ……………………………………………………………………………… 46
　　一、定时器/计数器结构 …………………………………………………………… 46
　　二、定时器/计数器工作方式 ……………………………………………………… 48
任务实施 ……………………………………………………………………………… 52
　　一、硬件电路 ……………………………………………………………………… 52
　　二、软件程序 ……………………………………………………………………… 53
　　三、系统调试 ……………………………………………………………………… 53
拓展知识 ……………………………………………………………………………… 54
　　一、数码管动态扫描原理 ………………………………………………………… 54
　　二、动态扫描位选控制方法 ……………………………………………………… 54
技能训练 ……………………………………………………………………………… 56
思考练习 ……………………………………………………………………………… 58

任务 3　电子秒表控制系统设计 …………………………………………………… 60
知识导航 ……………………………………………………………………………… 60
　　一、中断概述 ……………………………………………………………………… 60
　　二、中断系统结构 ………………………………………………………………… 62
　　三、中断服务程序 ………………………………………………………………… 63

任务实施 ··· 64
　　　一、硬件电路 ·· 64
　　　二、软件程序 ·· 64
　　　三、系统调试 ·· 66
　　拓展知识 ··· 66
　　　一、外部中断 ·· 66
　　　二、中断优先级 ·· 67
　　技能训练 ··· 68
　　思考练习 ··· 70

▶ 项目三　电动机控制系统设计 ································· 74
　任务1　按键控制系统设计 ·· 74
　　知识导航 ··· 75
　　　一、按键功能、分类及工作原理 ························· 75
　　　二、按键的工作原理 ·· 75
　　　三、独立按键控制 ·· 76
　　任务实施 ··· 81
　　　一、硬件电路 ·· 81
　　　二、软件程序 ·· 81
　　　三、系统调试 ·· 82
　　拓展知识 ··· 83
　　　一、矩阵按键硬件结构 ······································ 83
　　　二、矩阵按键程序设计 ······································ 84
　　技能训练 ··· 86
　　思考练习 ··· 88
　任务2　直流电动机控制系统设计 ···························· 91
　　知识导航 ··· 91
　　　一、直流电动机转向控制原理 ··························· 91
　　　二、H桥驱动电路 ·· 92
　　任务实施 ··· 93
　　　一、硬件电路 ·· 93
　　　二、软件程序 ·· 95
　　　三、系统调试 ·· 95
　　拓展知识 ··· 96
　　　一、直流电动机速度控制原理 ··························· 96
　　　二、驱动芯片L298N ·· 96
　　技能训练 ··· 98
　　思考练习 ··· 101
　任务3　步进电动机控制系统设计 ···························· 104

3

知识导航 ·· 104
    一、步进电动机基础知识 ·· 104
    二、步进电动机转向控制原理 ·· 105
任务实施 ·· 106
    一、硬件电路 ·· 106
    二、软件程序 ·· 106
    三、系统调试 ·· 109
拓展知识 ·· 109
    一、步进电动机速度控制原理 ·· 109
    二、驱动芯片 ULN2003A ·· 109
技能训练 ·· 110
思考练习 ·· 113

▶项目四 通信控制系统设计 ·· 117

任务 1 单片机串行扩展控制系统设计 ··· 117
知识导航 ·· 118
    一、串行通信基础 ·· 118
    二、单片机串行口结构 ·· 120
    三、串行口扩展控制 ··· 121
任务实施 ·· 123
    一、硬件电路 ·· 123
    二、软件程序 ·· 123
    三、系统调试 ·· 125
拓展知识 ·· 125
    一、扩展芯片 74LS164 ·· 125
    二、蝶式交换法 ·· 127
技能训练 ·· 128
思考练习 ·· 129

任务 2 单片机双机通信控制系统设计 ··· 132
知识导航 ·· 132
    一、串行通信工作方式 1 ·· 132
    二、串行口初始化设置 ·· 133
任务实施 ·· 135
    一、硬件电路 ·· 135
    二、软件程序 ·· 135
    三、系统调试 ·· 137
拓展知识 ·· 138
    一、串行通信其他工作方式 ·· 138
    二、单片机多机通信 ··· 138

技能训练 ··· 139
　　　思考练习 ··· 143
　任务3　单片机与PC机通信控制系统设计 ·· 146
　　　知识导航 ··· 146
　　　　一、RS232C串口通信 ··· 146
　　　　二、串行通信仿真组件 ··· 148
　　　任务实施 ··· 151
　　　　一、硬件电路 ··· 151
　　　　二、软件程序 ··· 151
　　　　三、系统调试 ··· 152
　　　拓展知识 ··· 153
　　　　一、虚拟串口软件 ··· 153
　　　　二、串口调试助手 ··· 154
　　　技能训练 ··· 156
　　　思考练习 ··· 158

▶项目五　智能电子产品控制系统设计 ··· 161
　任务1　数字电压表控制系统设计 ··· 161
　　　知识导航 ··· 162
　　　　一、A/D转换器概述 ··· 162
　　　　二、AD转换芯片ADC0809 ·· 162
　　　任务实施 ··· 166
　　　　一、硬件电路 ··· 166
　　　　二、软件程序 ··· 166
　　　　三、系统调试 ··· 169
　　　拓展知识 ··· 169
　　　　一、常用74LS系列芯片 ·· 169
　　　　二、ADC0809工作方式 ·· 171
　　　技能训练 ··· 172
　　　思考练习 ··· 176
　任务2　波形发生器控制系统设计 ··· 180
　　　知识导航 ··· 180
　　　　一、D/A转换器概述 ··· 180
　　　任务实施 ··· 183
　　　　一、硬件电路 ··· 183
　　　　二、软件程序 ··· 184
　　　　三、系统调试 ··· 185
　　　拓展知识 ··· 186
　　　　一、DAC0832工作方式 ·· 186

二、正弦波波形控制 …………………………………………………………………… 187
　技能训练 ……………………………………………………………………………… 189
　思考练习 ……………………………………………………………………………… 191

▶ **参考文献** ………………………………………………………………………………… 194

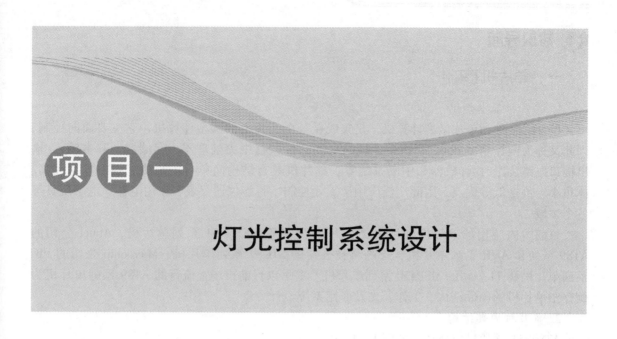

项目一 灯光控制系统设计

随着人们生活需求的提高和环境的不断美化,各种灯光广泛出现在日常生活和生产中,例如指示灯、报警灯、交通灯和霓虹灯等。本项目包括单片机最小系统设计、LED灯闪烁控制系统设计和流水灯控制系统设计3个任务,通过以上3个任务学习如何利用单片机实现常见的灯光控制系统设计与调试。

任务1 单片机最小系统设计

知识目标	技能目标	素养目标
1. 会分析单片机的内部结构及引脚功能; 2. 会分析单片机最小系统构成及各部分功能。	1. 会设计单片机最小系统并进行参数设置; 2. 会进行Proteus仿真软件基本操作。	1. 操作规范,符合5S管理要求; 2. 具备自主探究、严谨认真的态度。

设计要求:设计单片机最小系统硬件电路,分析各部分功能并设置各元器件参数。

任务分析:①单片机最小系统硬件电路设计首先需要掌握其定义及组成;②能够分析单片机最小系统各组成部分功能;③根据单片机最小系统组成选择元器件并设置参数。

知识导航

一、单片机基础

1. 单片机基本知识

单片机全称为单片微型计算机,是集成在一个芯片上的微型计算机,它主要面向控制,因此又称为微控制器(MCU)。单片机的功能部件包括中央处理器、存储器、基本输入/输出接口电路、定时/计数器和中断系统等。单片机具有结构简单、控制功能强、可靠性高、体积小、价格低等优点,因此广泛应用于工业控制、智能仪器仪表、家用电器、电子玩具等各个领域。

目前国内应用的单片机型号主要有 Intel 公司的 MCS-51 系列单片机、Atmel 公司的 AT89 系列和 AVR 系列单片机、宏晶科技公司的 STC89 系列单片机、Microchip 公司的 PIC 系列单片机和 TI 公司的 MSP430 系列单片机。本书以目前市场上流行的 AT89 系列单片机为例介绍单片机的硬件结构、工作原理及应用系统设计方法。

2. 单片机内部结构

AT89S51 单片机内部结构如图 1-1 所示。

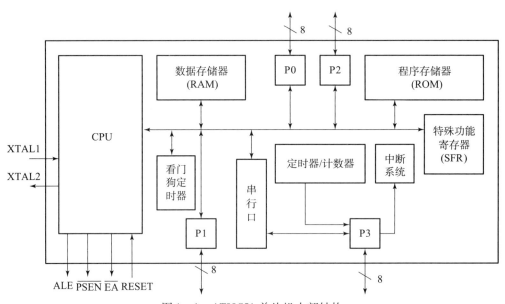

图 1-1 AT89S51 单片机内部结构

(1) 中央处理器(CPU)

AT89S51 单片机具有一个 8 位的 CPU,它由运算器和控制器组成,完成运算和控制功能,是单片机的控制核心。

(2) 内部数据存储器(RAM)

AT89S51 单片机内部数据存储器有 256 B,其中,低 128 B 用来存放读写的数据、运算的中间结果等;高 128 B 为特殊功能寄存器区,对片内各功能部件进行管理、控制和监控。

(3) 内部程序存储器(ROM)

AT89S51 单片机内部程序存储器有 4 KB。ROM 用来存放程序或程序运行过程中不会改变的原始数据。

（4）并行 I/O 端口

AT89S51 单片机有 4 个 8 位并行 I/O 端口 P0～P3，用于与外部设备间的数据传输，每个端口既可作为输入口，也可作为输出口。

（5）串行口

AT89S51 单片机内部有一个全双工串行口，可实现单片机与其他设备之间的串行数据通信，另外，它也可作为同步移位寄存器使用。

（6）定时/计数器

AT89S51 单片机内部有 2 个 16 位的定时器/计数器，可用作定时器，也可用于对外部脉冲进行计数。

（7）中断系统

AT89S51 单片机内部有 5 个中断源，分为高级和低级两个优先级别。当中断源发出中断请求时，进行中断处理。

（8）看门狗定时器（WTD）

AT89S51 内部有 1 个看门狗定时器，当 CPU 由于干扰使程序陷入死循环或跑飞时，WTD 可使程序恢复正常运行。

3. 单片机引脚

AT89S51 双列直插封装形式引脚如图 1-2 所示。按其功能，可分为电源引脚、时钟引脚、I/O 引脚和控制引脚 4 类。

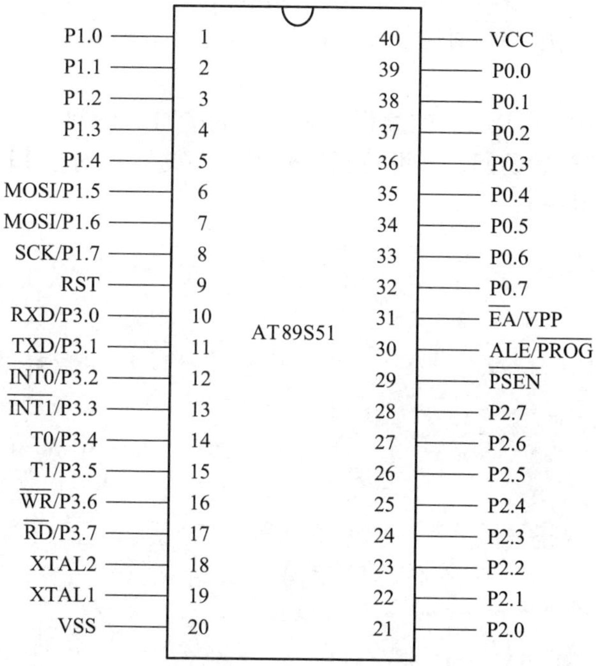

```
    P1.0 ── 1        40 ── VCC
    P1.1 ── 2        39 ── P0.0
    P1.2 ── 3        38 ── P0.1
    P1.3 ── 4        37 ── P0.2
    P1.4 ── 5        36 ── P0.3
MOSI/P1.5 ── 6       35 ── P0.4
MOSI/P1.6 ── 7       34 ── P0.5
 SCK/P1.7 ── 8       33 ── P0.6
      RST ── 9       32 ── P0.7
 RXD/P3.0 ── 10  AT89S51  31 ── EA/VPP
 TXD/P3.1 ── 11      30 ── ALE/PROG
INT0/P3.2 ── 12      29 ── PSEN
INT1/P3.3 ── 13      28 ── P2.7
  T0/P3.4 ── 14      27 ── P2.6
  T1/P3.5 ── 15      26 ── P2.5
  WR/P3.6 ── 16      25 ── P2.4
  RD/P3.7 ── 17      24 ── P2.3
    XTAL2 ── 18      23 ── P2.2
    XTAL1 ── 19      22 ── P2.1
      VSS ── 20      21 ── P2.0
```

图 1-2 AT89S51 双列直插封装形式引脚图

（1）电源引脚

VCC（40）：电源端，接电源。

VSS（20）：接地端，接地线。

(2) 时钟引脚

XTAL1（19）：片内振荡器反相放大器和时钟发生器电路输入端。用片内振荡器时，接外部石英晶体和微调电容；外接时钟电源时，接外部时钟振荡器。

XTAL2（18）：片内振荡器反相放大器输出端。用片内振荡器时，接外部石英晶体和微调电容；外接时钟电源时悬空。

(3) I/O 引脚

P0.0 ~ P0.7（39 ~ 32）：统称为 P0 口，既可作为输入/输出口使用，也可作为地址/数据口使用。

P1.0 ~ P1.7（1 ~ 8）：统称为 P1 口，既可作为输入/输出口使用，也可作为程序下载口使用。

P2.0 ~ P2.7（21 ~ 28）：统称为 P2 口，既可作为输入/输出口使用，也可作为地址口使用。

P3.0 ~ P3.7（10 ~ 17）：统称为 P3 口，既可作为输入/输出口使用，也可作为第二功能口使用。

(4) 控制引脚

RST（9）：复位信号输入，施加持续两个机器周期以上的高电平时，可使单片机复位。

$\overline{PSEN}$（29）：外部程序存储器的读选通信号，CPU 从外部程序存储器取指令时，在每个机器周期中两次有效。

ALE/$\overline{PROG}$（30）：地址锁存允许输出/编程脉冲，用于锁存低 8 位地址，也可用作外部时钟或外部定时脉冲，其频率为时钟振荡频率的 1/6（对于 EPROM 型单片机，$\overline{PROG}$ 用于输入编程脉冲）。

$\overline{EA}$/VPP（31）：内外 ROM 选择/编程电源，低电平时，访问片外程序存储器，高电平时，从片内程序存储器开始访问，并可转至片外程序存储器（对于 EPROM 型单片机，VPP 用于施加 12 V 的编程电压）。

知识检测

1. AT89S51 单片机的核心是一个_____位的_____，它由_____和_____两部分组成。

2. AT89S51 单片机内部 RAM 有_____存储空间，内部 ROM 有_____存储空间。

3. AT89S51 单片机有_____个 8 位并行口，有 1 个_____串行口，有 2 个_____位定时器/计数器，有_____级优先级，有_____个中断源的中断系统。

4. 下列选项用于控制程序存储器访问的引脚是（　　），用于复位的引脚是（　　）。

　A. RST　　B. $\overline{PSEN}$　　C. ALE　　D. $\overline{EA}$　　E. XTAL1

二、单片机最小系统

单片机最小系统是指由单片机和一些基本的外围电路所组成能够工作的单片机系统。主要包括四部分，即单片机、电源电路、时钟电路和复位电路。

1. 单片机

单片机为单片机最小系统的核心，结合外围电路完成控制功能。

2. 电源电路

单片机常用的供电电源为直流 5 V，因此，电源电路中将单片机电源引脚 VCC 接 5 V，单片机接地引脚 VSS 接地。另外，当使用单片机内部程序存储器时，将单片机内外 ROM 选择引脚$\overline{EA}$接 5 V。

3. 时钟电路

时钟电路用于产生单片机工作所需要的时钟信号，以保证各部件协调工作。时钟电路主要包括内部振荡和外部振荡两种方式，通常采用内部振荡方式。

（1）内部振荡方式

时钟引脚 XTAL1 和 XTAL2 间接一个晶体振荡器（简称晶振）和两个电容，便构成一个稳定的自激振荡器。内部振荡方式时钟电路如图 1-3 所示。晶振的取值范围为 1.2 ~ 12 MHz，典型值为 6 MHz 和 12 MHz，在通信系统中则常用 11.059 2 MHz；电容的取值范围为 5 ~ 40 pF，典型值为 30 pF。

（2）外部振荡方式

外部振荡方式是利用外部已有的时钟信号，将其接入单片机内部。外部振荡方式时钟电路如图 1-4 所示。

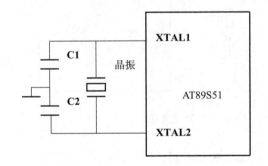

图 1-3 内部振荡方式时钟电路　　　　图 1-4 外部振荡方式时钟电路

单片机内部的各种操作都是在一系列脉冲控制下进行的，而各脉冲在时间上的先后顺序称为时序。51 系列单片机的工作时序有 4 个，按照定时单位从小到大依次是：时钟周期、状态周期、机器周期和指令周期。单片机时序如图 1-5 所示。

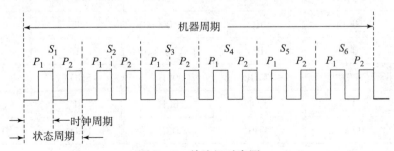

图 1-5 单片机时序图

时钟周期：晶体振荡器直接产生的振荡信号的周期，是振荡频率 f_{osc} 的倒数，又称晶振周期，用 P 表示，时钟周期是单片机时序中最小的时序单位。

状态周期：每个状态周期包含 P_1 和 P_2 两个时钟周期，因此它是时钟周期的 2 倍，用 S 表示。

机器周期：每个机器周期包含 $S_1 \sim S_6$ 六个状态周期，因此它是状态周期的 6 倍，机器周期是单片机时序中基本的时序单位。

指令周期：单片机执行一条指令所需的时间，每个指令周期包含 1~4 个机器周期，指令周期是单片机时序中最大的时序单位。

若已知晶振为 12 MHz，则时钟周期为 1/12 μs，状态周期为 1/6 μs，机器周期为 1 μs。

4. 复位电路

复位是指使 CPU 及其他功能部件都处于一个确定的初始状态，并从这个状态开始工作。单片机上电、程序运行出错或进入死循环状态时，需要进行复位操作。当单片机的复位引脚 RST 出现两个以上机器周期的高电平时，进行复位。复位通常有上电复位、按键复位和复合复位三种。其中复合复位是前两种复位的组合。复合复位电路如图 1-6 所示。

电路中电解电容 C_1 和接地电阻 R_2 构成上电复位电路，按键、串联电阻 R_1 和接地电阻 R_2 构成按键复位电路。电解电容 C_1 取值范围为 4.7~10 μF，典型值为 10 μF；接地电阻 R_2 取值范围为 1~10 kΩ，典型值为 10 kΩ；串联电阻 R_1 取值较小，典型值为 200 Ω。

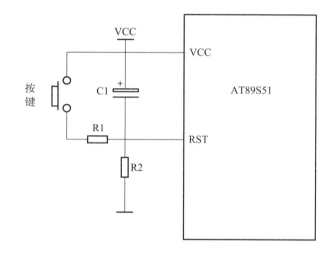

图 1-6 复合复位电路

单片机复位后，对片内各寄存器的状态产生影响。复位后各寄存器的初始值见表 1-1。

表 1-1 复位后各寄存器的初始值

寄存器名称	初始值	寄存器名称	初始值	寄存器名称	初始值
PC	0000H	P0~P3	FFH	TL0	00H
ACC	00H	IP	×××00000B	TH1	00H
PSW	00H	IE	0××00000B	TL1	00H
B	00H	TMOD	00H	SCON	00H
SP	07H	TCON	00H	SBUF	××××××××B
DPTR	0000H	TH0	00H	PCON	0×××0000B

注：后缀 H 为 16 进制数，后缀 B 为二进制数，×为 0 或 1 均可。

知识检测

1. 单片机最小系统由_____、_____、_____和_____四部分组成。
2. 当晶振为 12 MHz 时机器周期为_____，若机器周期为 2 μs，则晶振为_____。
3. 1 机器周期 =_____时钟周期 =_____状态周期。
4. 复位电路有_____、_____和_____三种。单片机复位条件是 RST 施加持续_____个机器周期以上的_____电平。
5. 晶体的振荡周期是（   ），时序的最小单位是（   ），时序的基本单位是（   ）。
   A. 机器周期   B. 指令周期   C. 时钟周期   D. 状态周期

任务实施

一、设计方案

单片机最小系统应包括单片机、时钟电路、复位电路和电源电路 4 部分。其中控制核心为单片机，时钟电路采用内部振荡方式，复位电路采用复合复位电路，存储器选择内部 ROM。

二、元器件清单

根据设计方案，补全表 1-2 所示单片机最小系统元器件清单。

表 1-2 单片机最小系统元器件清单

元件名称	标识	参数	功能	元件名称	标识	参数	功能
单片机	U1	AT89S51	控制器				
瓷片电容	C_1、C_2	30 pF	时钟电路				
按键	K	—	按键复位				
电源	VCC	5 V	供电				

三、硬件电路

根据设计方案和元器件清单，补全图 1-7 所示单片机最小系统硬件电路。

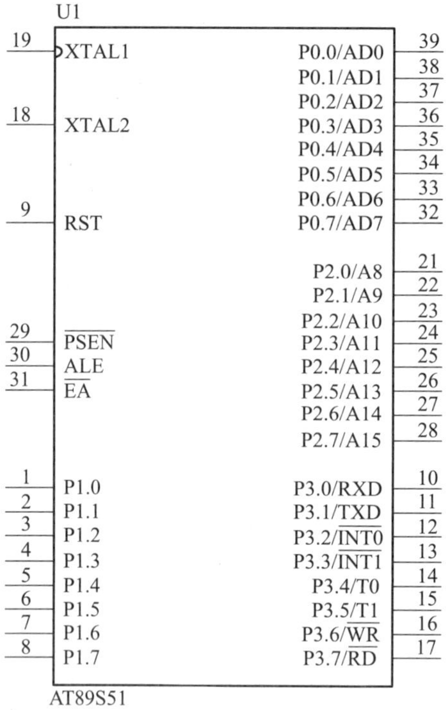

```
        U1
  19 ─XTAL1        P0.0/AD0 ─ 39
                   P0.1/AD1 ─ 38
                   P0.2/AD2 ─ 37
  18 ─XTAL2        P0.3/AD3 ─ 36
                   P0.4/AD4 ─ 35
                   P0.5/AD5 ─ 34
                   P0.6/AD6 ─ 33
  9  ─RST          P0.7/AD7 ─ 32

                   P2.0/A8  ─ 21
                   P2.1/A9  ─ 22
                   P2.2/A10 ─ 23
  29 ─PSEN         P2.3/A11 ─ 24
  30 ─ALE          P2.4/A12 ─ 25
  31 ─EA           P2.5/A13 ─ 26
                   P2.6/A14 ─ 27
                   P2.7/A15 ─ 28

  1  ─P1.0         P3.0/RXD ─ 10
  2  ─P1.1         P3.1/TXD ─ 11
  3  ─P1.2         P3.2/INT0─ 12
  4  ─P1.3         P3.3/INT1─ 13
  5  ─P1.4         P3.4/T0  ─ 14
  6  ─P1.5         P3.5/T1  ─ 15
  7  ─P1.6         P3.6/WR  ─ 16
  8  ─P1.7         P3.7/RD  ─ 17
        AT89S51
```

图 1-7 单片机最小系统硬件电路

拓展知识

Proteus 软件基本操作

Proteus 软件是英国 Labcenter Electronics 公司开发的 EDA 工具软件，是目前唯一将电路仿真软件、PCB 设计软件和虚拟模型仿真软件三合一的设计平台，支持部分单片机及 ARM 系统仿真。下面以单片机上电复位电路为例介绍 Proteus 8.1 版本软件的基本操作及应用。

1. 设计环境设置

①新建工程：双击桌面 图标打开软件，单击左上角的 图标进入仿真图设计界面，选择"文件"→"保存工程"，选择保存路径，修改文件名称后，单击"保存"按钮完成。

②纸张设置：选择"系统"→"设置纸张大小"，选定合适的纸张，系统默认为 A4 纸张，单击"确定"按钮完成。

③环境设置：选择"模板"→"设置设计默认值"，修改"纸张颜色"，通常设置为"白色"。为便于绘图，将"是否隐藏文字？"处的"√"去掉，单击"确定"按钮完成。

④样式设置：选择"模板"→"设置图形样式"，修改"填充样式"，通常设置为"None"，单击"关闭"按钮完成。

设计环境设置完成后的原理图绘制界面如图 1-8 所示。

项目一　灯光控制系统设计

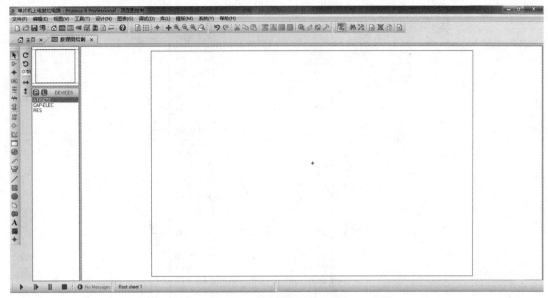

图1-8　原理图绘制界面

2. 元器件放置及连线

（1）元器件选取

选取元件时，需单击左上方的 P 按钮，弹出对话框后输入元件名称，选择右侧对应的器件双击即可。Proteus软件中常用元器件关键字见表1-3。

表1-3　Proteus软件中常用元器件关键字

元器件	关键字	元器件	关键字	元器件	关键字
单片机	AT89C51	晶振	CRYSTAL	电容	CAP
电解电容	CAP-ELEC	电阻	RES	排阻	RESPACK
按键	BUTTON	开关	SWITCH	蜂鸣器	SPEAKER
发光二极管	LED	数码管	SEG	点阵	MATRIX-8×8
液晶	LM016L	电动机	MOTOR	三极管	NPN或PNP

注：字母不区分大小写。

本例所用的元器件为单片机、电解电容和电阻，元器件选取后的结果如图1-9所示。

（2）元器件放置及编辑

从左侧元器件清单中单击所需元件，然后在右侧设计区单击，可放置元件；双击元器件，可编辑元器件参数；右击元器件，可编辑其方向和位置等。这里将单片机参数改为AT89S51（元件库中不存在AT89S51），电解电容参数改为10 μF，电阻参数改为10 kΩ。右击鼠标，选择"放置"→"终端"或单击界面左侧的 图标，可放置电源和地线。元器件放置及编辑结果如图1-10所示。

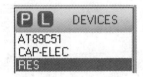

图1-9　元器件选取结果

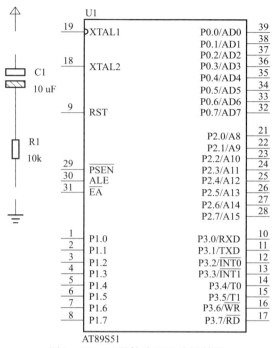

图 1-10 元器件放置及编辑结果

（3）元器件连线

将鼠标放置在某元件一端后出现红色方块，单击鼠标则进行连线，拖动鼠标至另一元件一端，再次出现红色方块，单击鼠标即可将连个元器件连接。连线时，可通过单击鼠标改变连线的方向，右击鼠标则删除连线。元器件连线后的单片机上电复位电路如图 1-11 所示。

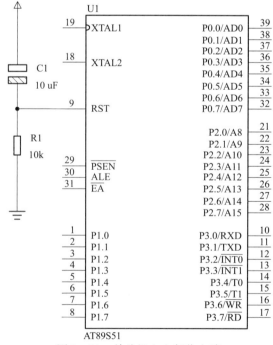

图 1-11 单片机上电复位电路

知识检测

1. 根据元器件名称写出其关键字。

元器件	关键字	元器件	关键字	元器件	关键字
单片机		数码管		电解电容	
电容		电阻		按键	
发光二极管		晶振		蜂鸣器	

2. 放置电源和地线时单击的图标是（　　）。
A. 🅿　　B. 🗐　　C. ⊅　　D. LBL

技能训练

利用 Proteus 软件设计如图 1-12 所示的灯光报警电路。

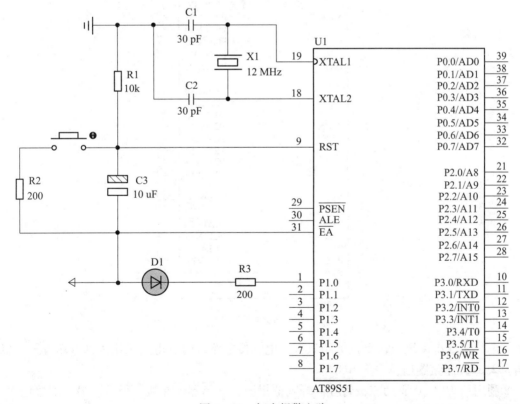

图 1-12　灯光报警电路

要求如下：
①在 D 盘根目录下新建工程，工程命名为"灯光报警电路"；

②纸张采用自定义格式，大小为 5 in × 5 in[①]；

③纸张颜色为白色，填充样式为 None，隐藏文字；

④正确选取元件（发光二极管为黄色），放至合适位置后设置参数；

⑤放置电源和地，最后进行连线。

设计完成后，回答以下问题：

①电路中时钟电路由_____、_____和_____构成，其机器周期为_____。

②电路中的复位形式为_____，若将串联电阻 R_2 改为 20 kΩ，则系统_____（能、不能）复位。

③电路中单片机选择的 ROM 为_____（片内、片外），原因是引脚_____接_____。

思考练习

根据如下要求完成图 1-13 所示的蜂鸣器报警电路。

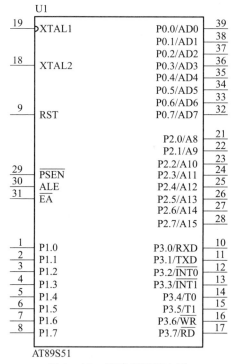

图 1-13 蜂鸣器报警电路

①单片机最小系统中，复位电路只有上电复位电路，时钟电路采用内部振荡方式，机器周期为 2 μs，存储器选择内部 ROM。

②利用引脚 P1.0 驱动三极管控制蜂鸣器报警，蜂鸣器一端接三极管，另一端接地。

③补全蜂鸣器报警电路并设置参数。

[①] 1 in = 2.54 cm。

任务 2　LED 灯闪烁控制系统设计

知识目标	技能目标	素养目标
1. 会分析单片机存储器结构及功能； 2. 会分析软件延时函数延时时间。	1. 会操作 Keil 和 PROGISP 软件； 2. 会设计和调试 LED 灯闪烁控制系统。	1. 操作规范，符合 5S 管理要求； 2. 具备自主探究、勤学好问的态度。

设计要求：利用单片机控制一只 LED 灯闪烁，闪烁周期为 1 s（占空比为 1∶1），设计硬件电路、编写控制程序并进行系统调试。

任务分析：①LED 灯正向导通时点亮，反向截止时熄灭，接 LED 灯的单片机引脚不断输出高低电平，从而实现 LED 灯闪烁控制；②闪烁周期为 1 s，占空比为 1∶1，则高、低电平时间均设为 0.5 s，通过 0.5 s 延时函数实现延时。

知识导航

一、存储器结构

AT89S51 单片机存储器有 4 个物理存储空间，即片内数据存储器（片内 RAM）、片外数据存储器（片外 RAM）、片内程序存储器（片内 ROM）和片外程序存储器（片外 ROM）。由于片内、片外程序存储器统一编址，因此 AT89S51 单片机有 3 个逻辑存储空间，即程序存储器、片内数据存储器和片外数据存储器。AT89S51 单片机存储器结构如图 1-14 所示。

1. 片内数据存储器

AT89S51 单片机内部 RAM 共有 256 个单元，按其用途划分为工作寄存器区、位寻址区、通用 RAM 区和特殊功能寄存器区，共 4 个区域。

（1）工作寄存器区

AT89S51 单片机内部 RAM 的 0x00~0x1F 单元为通用寄存器区，共分为 4 组，每组 8 个单元（R0~R7），用来存放操作数和中间结果等。由程序状态字寄存器 PSW 中的 RS1 和 RS0 位的状态组合（00~11）决定使用哪组通用寄存器。

（2）位寻址区

AT89S51 单片机片内 RAM 的 0x20~0x2F 单元为位寻址区，既可作为一般 RAM 单元使用，进行字节操作，也可以对单元中每一位进行位操作。位寻址区共有 16 个 RAM 单元，每个单元 8 位，共计 128 位，相应的位地址为 0x00~0x7F。

（3）通用 RAM 区

AT89S51 单片机内部 RAM 的 0x30~0x7F 单元为通用 RAM 区，这个区域只能按字节存取，在此区内，用户可以设置堆栈区和存储中间数据。

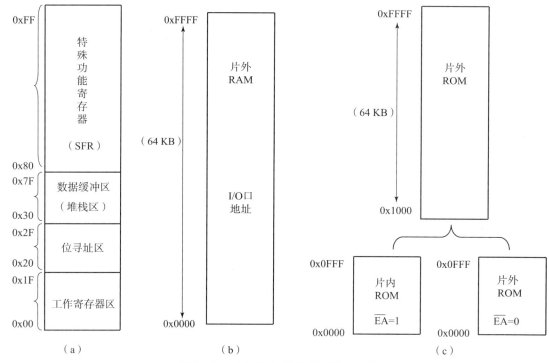

图 1-14 AT89S51 单片机存储器结构
(a) 片内数据存储器；(b) 片外数据存储器；(c) 程序存储器

（4）特殊功能寄存器区

AT89S51 单片机内部 0x80～0xFF 单元为特殊功能寄存器区（SFR），共有 21 个特殊功能寄存器。在单片机的 C 语言编程中，通常用关键字"sfr"来定义所有特殊功能寄存器，从而在程序中直接访问。

例如：sfr　P0 = 0x80；//定义特殊功能寄存器 P0 的地址为 0x80

由此，在程序中可以直接使用 P0 这个特殊功能寄存器了。

例如：P0 = 0x00；　　　//将 P0 口的 8 位全部清 0

在 C 语言中，还可以通过关键字"sbit"来定义特殊功能寄存器中的可寻址位。

例如：sbit　led = P1^0；//定义 P1 口的第 0 位名称为"led"

这些特殊功能寄存器在头文件"reg51.h"中定义，因此，用户在编程时，只要把该头文件包含在程序中，就可以直接使用已定义的特殊功能寄存器了。

例如：#include < reg51.h > 或#include"reg51.h"

2. 片外数据存储器

当片内 RAM 不能满足容量上的要求时，可扩展外部数据存储器，其最大容量可达 64 KB。

3. 程序存储器

程序存储器用于存放用户程序、数据和表格等，分为片内程序存储器和片外程序存储器，片内程序存储器为 4 KB，片外程序存储器最多可扩展至 64 KB。

C 语言编程时，可根据存储器类型进行声明，C51 编译器支持的存储器类型见表 1-4。

表 1-4 C51 编译器支持的存储器类型

存储器类型	描述
data	直接访问片内数据存储器，允许最快访问（128 B）
bdata	可位寻址访问片内数据存储器，允许位与字节混合访问（16 B）
idata	间接访问片内数据存储器，允许访问整个内部地址空间（256 B）
pdata	分页访问片外数据存储器（256 B）
xdata	访问片外数据存储器（64 KB）
code	访问程序存储器（64 KB）

知识检测

1. 单片机物理存储器包括_____、_____、_____和_____4部分。
2. 片内 RAM 按用途划分为_____、_____、_____和_____。
3. 包含单片机特殊功能寄存器的头文件是_____，定义特殊功能寄存器用关键字_____，定义特殊功能寄存器的可寻址位用关键字_____。
4. 片内程序存储器的地址范围是_____，片外程序存储器的地址范围是_____。
5. C51 支持的存储器类型中，片内数据存储器是_____，片外数据存储器是_____，程序存储器是_____。

二、延时函数

编写单片机应用程序时，经常用到延时函数，延时函数通常有软件延时和定时器延时两种，这里先介绍软件延时。软件延时是利用执行空指令操作实现延时，即通过 for 语句循环嵌套实现，假设晶振为 12 MHz，执行一个空语句；大约需要 2 个机器周期，即延时为 2 μs，若要实现长延时，则将各层循环变量乘积再乘以 2 便是延时时间。不含参和含参的延时函数如下：

```
//函数名:delay1
//函数功能:实现软件延时
//形式参数:i
//返回值:无
void delay1(unsigned char i)          //函数定义
{
    unsigned char j,k;                //变量定义
    for(k=i;k>0;k--)                  //一重循环
        for(j=250;j>0;j--);           //二重循环
}
```

```
//函数名:delay2
//函数功能:实现软件延时
//形式参数:无
//返回值:无
void delay2( )                              //函数定义
{
    unsigned char i,j;                      //变量定义
    for(i=200;i>0;i--)                      //一重循环
        for(j=250;j>0;j--);                 //二重循环
}
```

不含参时,当函数调用为 delay2( );时,实现的延时时间为 $200 \times 250 \times 2 = 100\ 000(\mu s) = 0.1\ s$;含参时当函数调用为 delay1(200);时,实现的延时时间也为 $200 \times 250 \times 2 = 100\ 000(\mu s) = 0.1\ s$。

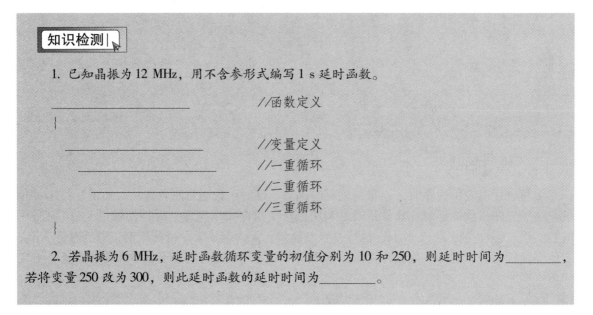

三、Keil 软件基本操作

Keil 是美国 Keil Software 公司推出的一款单片机 C 语言程序设计软件,它集可视化编程、编译、调试、仿真于一体,界面友好,易学易用,功能强大。下面以单片机控制 LED 灯点亮程序为例介绍 Keil C51 V9.00 软件基本操作。

1. 工程环境设置

①新建工程:双击桌面 图标打开软件,选择"工程"→"新建 uVision 工程",选择保存路径,在文件名中输入"单片机控制 LED 点亮"(默认工程项目后缀为 .uvproj),单击"保存"按钮即可。在弹出的对话框中选择"Atmel",单击左侧"+"号选择具体单片机型号"AT89S51",单击"确定"按钮,最后在弹出的对话框中单击"否"按钮完成。

②参数设置：单击工具栏 图标，将"项目"中的"时钟"改为"12.0"，将"输出"中"产生 HEX 文件"前方的框打上"√"，以便生成可执行文件。其他参数为默认值。

③字体设置：单击菜单栏"编辑"，弹出对话框，选中"颜色和字体"→"8051：Editor C Files"→"字体"→"字体：Courier New"，将"大小"改为"12"，单击"确定"按钮，再单击"确定"按钮完成。

工程环境设置完成结果如图 1-15 所示。

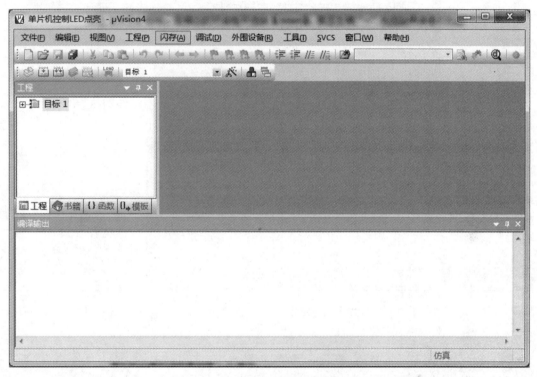

图 1-15　工程环境设置完成结果

2. 源文件创建

①新建文件：单击"文件"→"新建"，单击"保存"按钮，选择保存路径，在文件名中输入"单片机控制 LED 点亮.c"，单击"保存"按钮完成。

②文件添加：在工程窗口左侧单击目标 1 前面的"+"号，选中"源组 1"，右击鼠标，选择"添加文件到组：源组 1"，双击"单片机控制 LED 点亮.c"文件，单击"关闭"按钮完成。

③程序编写：在编程窗口中输入程序代码即可。

源文件创建完成结果如图 1-16 所示。

3. 编译仿真

①程序编译：单击 图标，如果程序无错误，则编译结果如图 1-17 所示；如有错误，则系统提示错误相关信息。

②程序仿真：单击工具栏 图标进行调试，然后单击菜单栏"外围设备"，选择"I/O–Ports"→"Port 1"。单击 图标开始运行，单击 图标停止运行，单击 图标复位，再次单击 图标退出调试。运行结果如图 1-18 所示。

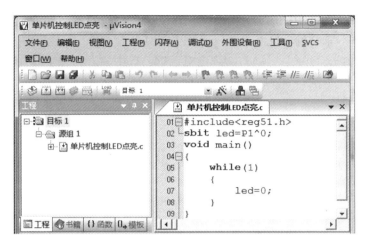

图1-16 源文件创建完成结果

图1-17 程序编译结果

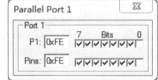

图1-18 程序仿真结果

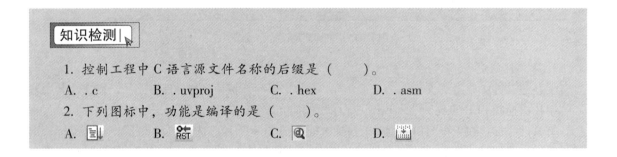

1. 控制工程中C语言源文件名称的后缀是（　　）。
A．.c　　　　B．.uvproj　　　　C．.hex　　　　D．.asm
2. 下列图标中，功能是编译的是（　　）。
A．　　　　B．　　　　C．　　　　D．

任务实施

一、设计方案

LED 灯闪烁控制程序应包含主函数和延时函数，假设晶振为 12 MHz，则机器周期为 1 μs，0.5 s 延时函数需要三重循环实现。假设 LED 灯阳极接 P1.0，阴极接地，则主函数中首先使 P1.0 输出低电平，点亮 LED 灯，调用延时函数后，再使 P1.0 输出高电平，再调用延时函数，如此循环，实现 LED 灯闪烁控制。

二、软件程序

根据设计方案和注释补全控制程序。

```
/******头文件及位声明******/
_____            //头文件
_____            //位声明
/******延时函数******/
void  delay( )
{
    _____        //变量定义
    _____        //第一重循环
    _____        //第二重循环
    _____        //第三重循环
}
/******主函数******/
void  main( )
{
    while(1)
    {
        _____    //点亮LED
        _____    //调用延时函数
        _____    //熄灭LED
        _____    //调用延时函数
    }
}
```

三、仿真调试

利用 Keil 软件新建工程，命名为"LED 灯闪烁控制"，单片机型号选择 AT89S51，设置晶振为 12 MHz，生成可执行性文件，字体设置为 24 号字体。新建源文件，命名为"LED 灯闪烁控制"，添加到工程中并录入程序代码，编译无误后进行模拟调试，记录仿真结果：

①当 LED 灯点亮时，P1 口的值为_____；当 LED 灯熄灭时，P1 口的值为_____。

②将延时函数中第三重循环的分号去掉后，软件编译信息为_____。

拓展知识

一、Proteus 和 Keil 软件联调

采用 Keil 与 Proteus 软件联调方式仿真，既可以克服 Keil 自带的仿真工具只能仿真单片

机的自身资源，功能与效果有限的缺点，充分利用 Proteus 强大的仿真功能，还可以实现 Keil 中程序单步、全速等调试运行时的 Proteus 同步仿真，使调试更直观、简单。

1. 安装驱动

在 Keil 的安装目录下，执行 vdmagdi.exe 文件安装 Proteus VSM Simulator 驱动。

2. Keil 设置

单击 图标，在弹出的对话框中选择"调试"菜单栏，选择右侧的"使用"，选择下拉菜单中的"Proteus VSM Simulator"。

3. Proteus 设置

在原理图绘制界面，在菜单栏中选择"调试"，在下拉菜单中选择"启动远程编译监视器"。

4. 联合调试

下面以 LED 灯闪烁控制为例介绍联合调试方法：

①利用 Proteus 软件绘制硬件电路（Proteus 软件仿真时，单片机的时钟电路、复位电路等可省略不画）。LED 灯闪烁控制硬件电路如图 1-19 所示。

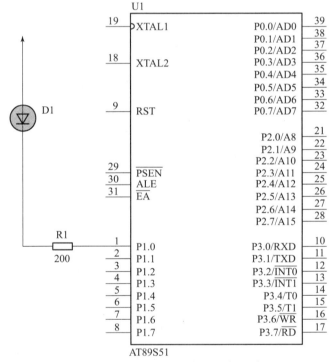

图 1-19 LED 灯闪烁控制硬件电路

②利用 Keil 软件编写控制程序，编译无误后生成 hex 文件。LED 灯闪烁控制程序及编译结果如图 1-20 所示。

③在硬件电路图中双击单片机，在弹出的对话框中找到选项"Program Files"，单击右侧的 图标，添加 Keil 软件生成的 LED 灯闪烁控制.hex 文件。加载可执行文件如图 1-21 所示。

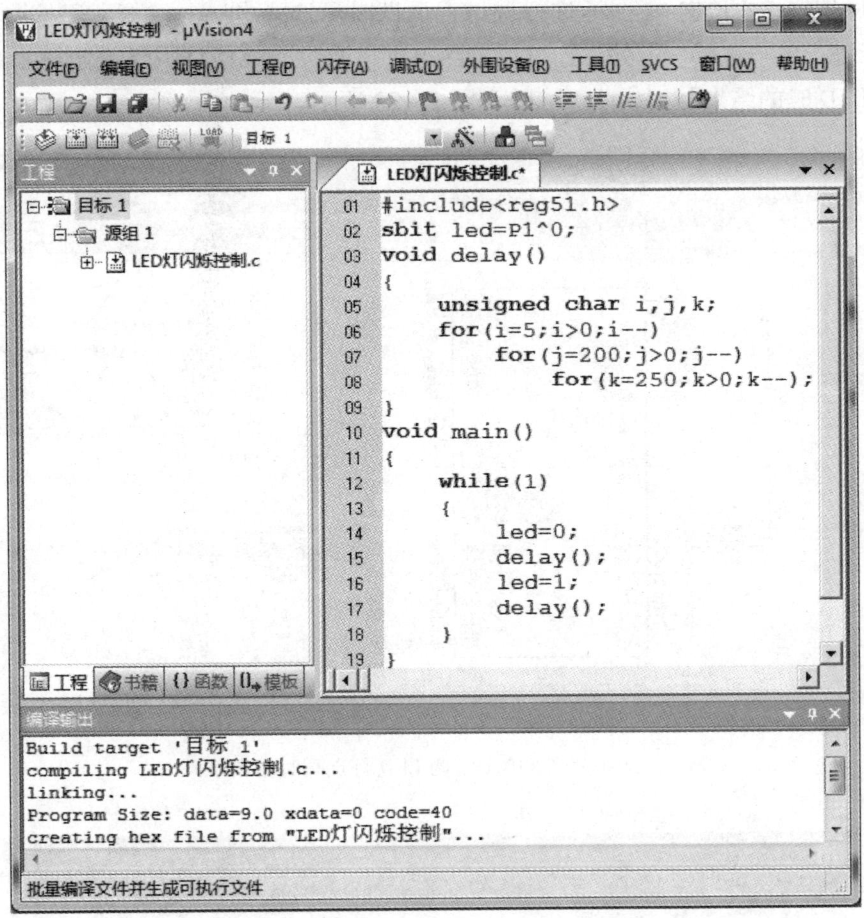

图 1－20　LED 灯闪烁控制程序及编译结果

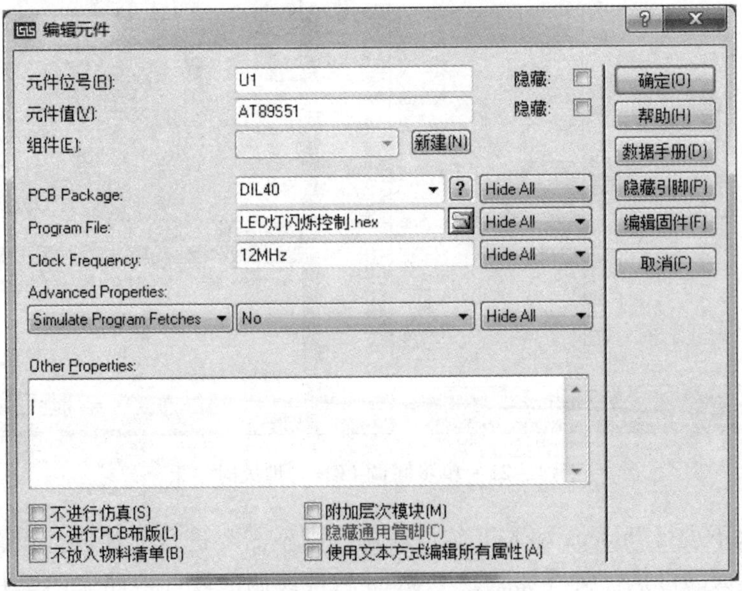

图 1－21　加载可执行文件

④在 Keil 软件中单击 🔍 图标进行调试，调试时可选择 ▤ 图标进行全速运行，也可选择 ⏱ 图标进行单步运行。另外，还可设置断点进行调试，LED 灯闪烁控制单步联调时，点亮和熄灭 LED 时的结果分别如图 1-22 和图 1-23 所示。

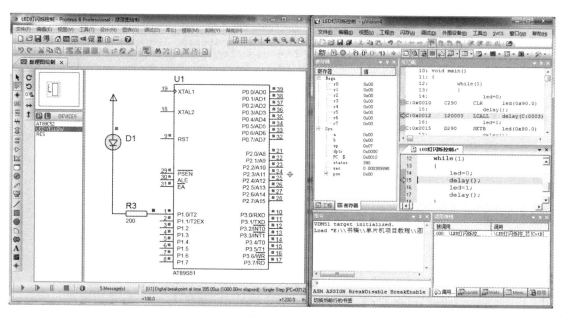

图 1-22　单步联调 LED 灯点亮时结果

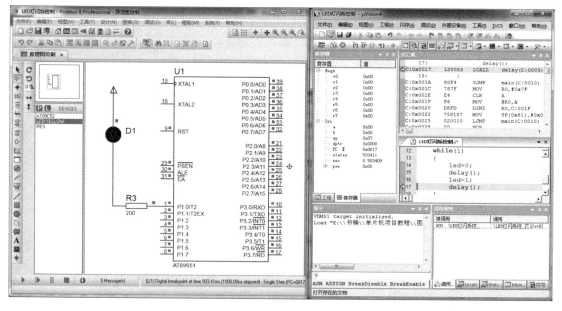

图 1-23　单步联调 LED 灯熄灭时结果

说明： 如果不进行 Proteus 和 Keil 软件联调，则不需要进行上述软件设置，而只需要将 Keil 软件编写生成的可执行文件加载到 Proteus 软件绘制的硬件电路中的单片机中，然后单击软件左下角的 ▶ 图标和 ■ 图标进行仿真开始和停止操作。

项目一　灯光控制系统设计

> **知识检测**

1. 仿真调试时，单片机需加载文件的后缀是（　　）。
A. .c　　　　B. .uvproj　　　　C. .hex　　　　D. .asm
2. Proteus 软件进行单片机仿真时，可省略的电路是（　　）。
A. 单片机　　B. 时钟电路　　C. 复位电路　　D. 控制电路

二、PROGISP 软件操作

当需要将程序下载到单片机实物时，需要利用 PROGISP 进行操作。具体操作过程如下：

双击图标 ![icon] 打开 PROGISP 软件，在"编程器及接口"下拉菜单中选择"USBASP"和"usb"，然后在"选择芯片中"选择"AT89S51"，单击"调入 Flash"按钮，在弹出的对话框中单击 Keil 软件生成的 .hex 文件，单击"打开"按钮关闭窗口，最后单击 ![自动] 图标完成。PROGISP 软件操作界面如图 1-24 所示。

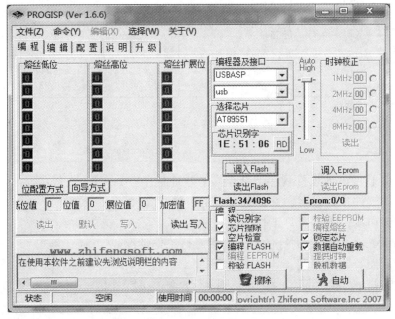

图 1-24　PROGISP 软件操作界面

> **知识检测**

利用 USB 下载程序时，编程器及接口选择（　　）。
A. USBPROG　　B. USBASP　　C. Serial port ISP　　D. Parallel port ISP

技能训练

设计彩灯控制系统，共阳极接法的 8 只 LED 工作情况如下：全亮→全灭→高 4 位亮→

低 4 位亮，循环工作，时间间隔为 1 s，设计要求如下：

①利用 Proteus 软件设计硬件电路，补全如图 1-25 所示硬件电路；

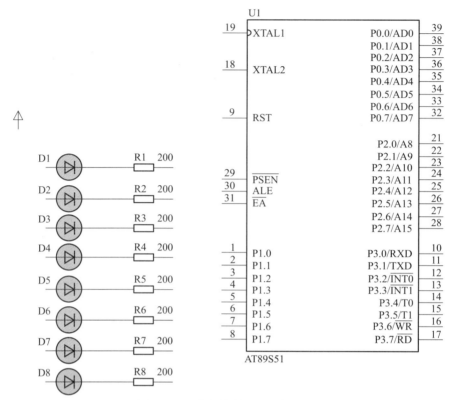

图 1-25 彩灯控制系统硬件电路

②利用 Keil 软件设计软件程序，补全参考软件程序；
③进行联调软件参数设置，并加载生成的可执行文件；
④单步联调仿真，观察彩灯工作情况；
⑤单独利用 Proteus 软件进行仿真，观察彩灯工作情况。

设计完成后回答以下问题：

①若 LED 灯改为共阴极接法，则彩灯全亮时，P1 = _____，彩灯全灭时，P1 = _____。

②若晶振改为 6 MHz，则调用延时函数时，实参的数值是_____。

③电路中 $R_1 \sim R_8$ 的作用是_____，若将其都改为 10 kΩ，则 P1 = 0X00 时，LED 灯_____。

```
#include<reg51.h>
/******延时函数******/
void  delay(unsigned char n)
{
    _____        //变量定义
    _____        //第一重循环
```

```
        _____            //第二重循环
        _____            //第三重循环
}
/****** 主函数 ******/
void main( )
{
    while(1)
    {
        _____            //全亮
        _____            //调用延时函数
        _____            //全灭
        _____            //调用延时函数
        _____            //高4位点亮
        _____            //调用延时函数
        _____            //低4位点亮
        _____            //调用延时函数
    }
}
```

思考练习

蜂鸣器报警控制系统设计要求如下：
① 蜂鸣器报警控制系统硬件电路如任务1中的图1-13所示。
② 补全蜂鸣器报警控制系统软件程序，已知蜂鸣器报警时间周期为500 μs。

```
#include <reg51.h>
_____                    //位声明
/****** 延时函数 ******/
void delay()
{
        _____            //变量定义
        _____            //第一重循环
}
/****** 主函数 ******/
void main( )
{
    while(1)
    {
```

_____	//蜂鸣器蜂鸣
_____	//调用延时函数
_____	//蜂鸣器静音
_____	//调用延时函数

任务3　流水灯控制系统设计

知识目标	技能目标	素养目标
1. 会分析并行 I/O 端口的功能及特点； 2. 会分析位运算符及头文件的功能。	1. 会应用单片机并行 I/O 端口控制外设； 2. 会设计与调试流水灯控制系统。	1. 操作规范，符合 5S 管理要求； 2. 具备触类旁通、举一反三的能力。

设计要求：利用单片机的 P1 口控制 8 个共阳极 LED 灯，首先点亮 D1，延时 0.5 s 后再点亮 D2，延时 0.5 s 后再点亮 D3，依此顺序点亮各个 LED，直至点亮 D8 后再重新开始，循环工作。

任务分析：①单片机 I/O 端口控制流水灯循环工作，需要掌握各 I/O 端口的功能、特点及应用方法；②流水灯循环工作，每个周期中每个 LED 依次点亮，根据其工作规律可采用移位法编写控制程序。

知识导航

一、并行 I/O 端口

AT89S51 单片机共有 4 个 8 位并行 I/O 端口，分别用 P0、P1、P2、P3 表示，每个 I/O 端口既可以按位操作使用单个引脚，也可以按字节操作使用 8 个引脚。这 4 个 I/O 端口可以作为一般的 I/O 端口使用，也可以作为数据、地址或其他功能使用，且各具特点。

1. P0 口

P0 口 （39～32 脚）：双向 8 位三态 I/O 端口，其逻辑电路如图 1-26 所示。电路包括了一个数据输出 D 锁存器、两个三态数据输入缓冲器、一个输出控制电路和一个数据输出驱动电路。输出控制电路由一个与门、一个非门和一个多路开关 MUX 构成；输出驱动电路由场效应管 T1 和 T2 组成，受输出控制电路控制，当栅极输入低电平时，T1、T2 截止；输入高电平时，T1、T2 导通。

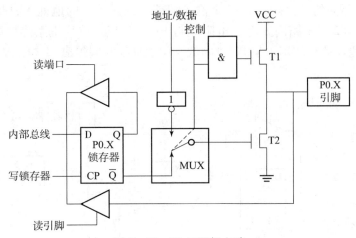

图1-26 P0口逻辑电路

说明： ①P0口作为输出口时，由于T1截止，输出电路为漏极开路，因此需外接上拉电阻；②P0口作为输入口时，必须先将锁存器置1，以免锁存器为0状态时对引脚读入的干扰；③除了I/O功能外，在进行单片机系统扩展时，P0口也经常作为单片机系统的地址/数据线使用，一般称它为地址/数据分时复用引脚；④P0口可以驱动8个TTL电路。

2. P1口

P1口（1~8脚）：准双向8位I/O端口，其逻辑电路如图1-27所示。P1口逻辑电路与P0口有以下不同之处：首先，它没有输出控制电路，不再需要多路开关MUX；其次，电路内部有上拉电阻，与场效应管共同组成驱动电路，因此，P1口可作为通用I/O口或程序下载口使用。

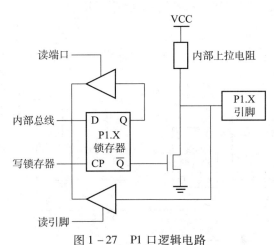

图1-27 P1口逻辑电路

说明： ①P1口是准双向口，可作为通用I/O端口使用；②P1口作为输出口使用时，无须再外接上拉电阻；③P1口作为输入口使用时，也必须先将锁存器置1；④P1口可以驱动4个TTL电路。

3. P2口

P2口（21~28脚）：准双向8位I/O端口，其逻辑电路如图1-28所示。P2口与P0口的多路开关 MUX 不同的是：MUX 的一个输入端接入的是单一的地址，因此 P2 口可作为通用 I/O 端口使用。P2 口电路内置上拉电阻，与 P1 口相似。单片机系统扩展时，P2 口还可以用来作为高 8 位地址线使用，与 P0 口的低 8 位地址线共同组成 16 位地址总线。

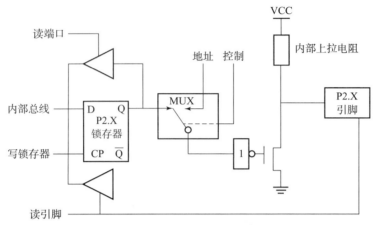

图 1-28　P2 口逻辑电路

说明：①P2 口是准双向口，可作为通用 I/O 端口使用，也可作为高 8 位地址口；②P2 口作为输出口使用时，无须再外接上拉电阻；③P2 口作为输入口使用时，也必须先将锁存器置 1；④P2 口可以驱动 4 个 TTL 电路。

4. P3 口

P3 口（10～17 脚）：准双向 8 位 I/O 端口，逻辑电路如图 1-29 所示。P3 口内置上拉电阻与 P1 口相同，不同的是，增加了第二功能控制逻辑。因此，P3 口既可作为通用 I/O 口使用，又可作为第二功能端口使用。P3 口各引脚第二功能见表 1-5。

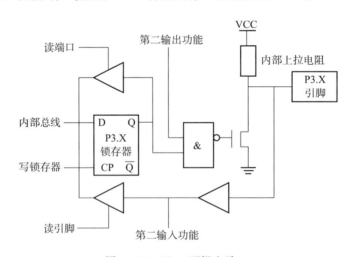

图 1-29　P3 口逻辑电路

说明：①P3 口是准双向口，可作为通用 I/O 端口使用，也可作为第二功能端口使用；②P3 口作为输出口使用时，无须再外接上拉电阻；③P3 口作为输入口使用时，也必须先将锁存器置 1；④P3 口可以驱动 4 个 TTL 电路。

表 1-5 P3 口各引脚第二功能

引脚名称	第二功能	功能说明	引脚名称	第二功能	功能说明
P3.0	RXD	串行口数据接收	P3.4	T0	定时/计数器 0 外部输入
P3.1	TXD	串行口数据发送	P3.5	T1	定时/计数器 1 外部输入
P3.2	$\overline{INT0}$	外部中断 0 申请	P3.6	$\overline{WR}$	外部 RAM 写选通
P3.3	$\overline{INT1}$	外部中断 1 申请	P3.7	$\overline{RD}$	外部 RAM 读选通

知识检测

1. 单片机 4 个并行口既可以按_____操作,也可以按_____操作。若将 P1.0 置 1,应采用的语句分别是_____和_____。

2. P0 口作输出口时,应外接_____;作输入口时,应将锁存器_____。

3. 单片机并行口中数据口是(   ),低 8 位地址口是(   ),高 8 位地址口是(   ),驱动能力最强的端口是(   )。
A. P0　　B. P1　　C. P2　　D. P3

二、位运算符

1. 位操作运算符

位操作运算符的功能是按二进制位对变量进行运算,C51 常用的位操作运算符有 4 种,即取反 (~)、与 (&)、或 (|)、异或 (^)。位运算符真值表见表 1-6。

表 1-6 位操作运算符真值表

位变量 1	位变量 2	位运算				
a	b	~a	~b	a&b	a|b	a^b
0	0	1	1	0	0	0
0	1	1	0	0	1	1
1	0	0	1	0	1	1
1	1	0	0	1	1	0

例如:①将 P3 口的高四位保留、低四位清零,表达式为 P3& = 0XF0;②将 P3 口的高四位保留、低四位置 1,表达式为 P3 | = 0X0F;③将 P3 口的高四位取反、低四位不变,表达式为 P3^ = 0XF0。

2. 移位运算符

（1）左移运算符" << "

其功能是把" << "左边的操作数的各二进制位全部左移若干位，移位位数由" << "右边的常数指定，高位丢弃，低位补0。左移运算示意图如图1-30所示。

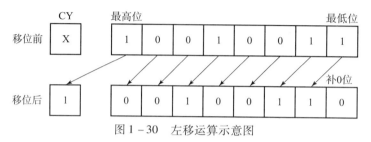

图1-30 左移运算示意图

备注：CY为进位标志位，X为0或1中任意一个。

例如：a = 00000011，执行"a << = 4"后为00110000。

（2）右移运算符" >> "

其功能是把" >> "右边的操作数的各二进制位全部右移若干位，移位位数由" >> "右边的常数指定。进行右移运算时，如果是无符号数，则总是在其左端补0。右移示意图如图1-31所示。

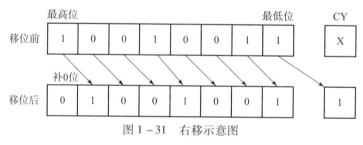

图1-31 右移示意图

例如：a = 00001011，执行"a >> = 2"后为00000010。

知识检测

1. 写出控制语句，将P0口高四位保留，低四位置1：_____；将P0口高四位保留，低四位清零：_____；将P0口的高四位取反，低四位不变：_____。

2. 设a = 01000011，执行"a <<= 3"后的结果是_____，执行"a >>= 5"后的结果是_____。

3. 设a = 00001111，执行_____或_____语句结果为00011111。

任务实施

一、硬件电路

补全图1-32所示流水灯控制系统硬件电路。

项目一 灯光控制系统设计

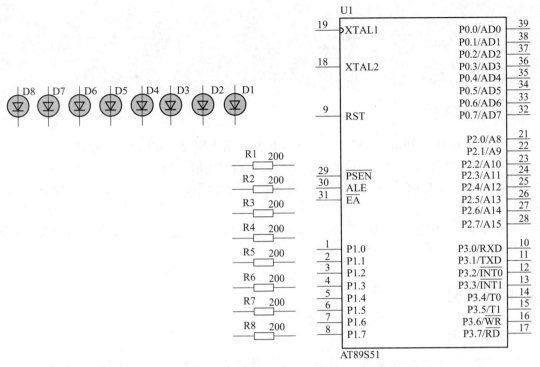

图1-32 流水灯控制系统硬件电路

二、软件程序

补全如下流水灯控制系统软件程序：

```
#include<reg51.h>
/******延时函数******/
void delay()
{略}
/******主函数******/
main()
{
    _____        //变量定义
    while(1)
    {
        _____    //变量赋初值
                            //循环控制
        {
            _____   //点亮LED
            _____   //调用延时函数
```

31

```
                    _____        //移位控制
            }
        }
    }
}
```

三、系统调试

进行 Proteus 软件和 Keil 软件联调,观察流水灯工作情况,并回答以下问题。

①当 L6 首次点亮时,P1 的值为_____,当前时间值约为_____。

②如果将 LED 灯改为共阴极接法,则需将变量初值改为_____,移位控制语句改为_____。

③若每个周期中 8 个 LED 灯轮流点亮,则变量初值应为_____,点亮 LED 灯控制语句应为_____。

拓展知识

一、头文件

"头文件"或称为包含文件(*.h),是一种预先定义好的基本数据。在 C51 程序中,reg51.h 定义了 51 系列单片机内部各个寄存器,其中,reg 是寄存器的英文缩写,51 指的是 51 单片机。指定头文件的方式有以下两种:

①在#include 之后,以"< >"包含头文件的文件名,此时编译程序将从 Keil 的头文件的文件夹中查找所指定的头文件,其格式为:#include <头文件的文件名>。

②在#include 之后,以" " "包含头文件的文件名,此时编译程序将首先从源程序所在的文件夹里查找所选择的头文件,若未找到,再从 Keil 的头文件的文件夹中查找所指定的头文件,其格式为:#include" 头文件的文件名"。

设计时遇到循环左移和循环右移操作时,可以直接利用 C51 自带的头文件"intrins.h"中的_crol_(m,n)和_cror_(m,n)实现循环左移和循环右移操作。另外,intrins.h 头文件中的_nop_( ) 常用于延时函数中。

1. 循环左移_crol_(m,n)

crol(m,n)函数中 m 表示被移位的变量,n 表示移位次数。移位过程:最高位移入最低位,其他各位依次向左移动一位。循环左移示意图如图 1-33 所示。

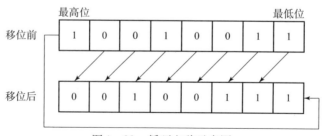

图 1-33 循环左移示意图

例如：a = 10000011B，执行_crol_(a,2)后的结果为00001110B。

2. 循环右移_cror_(m,n)

cror(m,n)函数中，m表示被移位的变量，n表示移位次数。移位过程：最低位移入最高位，其他各位依次向右移动一位。循环右移示意图如图1-34所示。

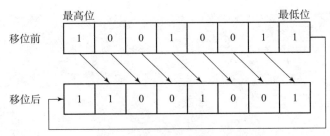

图1-34 循环右移示意图

例如：a = 10000011B，执行_cror_(a,2)后的结果为11100000B。

3. 空操作_nop_()

nop()函数用于精确定时，用来代替分号（;）。执行该函数需要1个机器周期。

例如：

```
void delay()
{
    unsigned char i;
    for(i = 250;i > 0;i--)
    _nop_();
}
```

知识检测

1. 循环左移和循环右移函数所在的头文件是_____。
2. 循环左移函数是_____，循环右移函数是_____，空操作函数是_____。

二、C51 数据类型

C51常用的数据类型见表1-7。

表1-7 C51常用的数据类型

数据类型	名称	存储长度	值域
unsigned char	无符号字符	单字节	0~255
unsigned int	无符号整数	双字节	0~65 535
sfr	特殊功能寄存器	单字节	0~255
bit	位	1位	0或1
sbit	特殊功能寄存器位	1位	0或1

编程时，为了书写方便，常采用宏定义的形式定义数据类型，例如，#define uchar unsigned char，由此，在编程时可用 uchar 代替 unsigned char。另外，由于无符号整数的最大值为 65 535，编写延时函数时，可将变量定义为无符号整型变量，从而减少循环变量个数。例如：

```
#include<intrins.h>           //头文件包含
#define uint unsigned int     //宏定义
void delay()                  //延时函数定义
{
    uint i;                   //变量定义
    for(i=50000;i>0;i--)      //循环控制
    _nop_();                  //控操作函数
}
```

知识检测

1. unsigned char 定义的变量的取值范围是（　　）。
   A. -128~127   B. 0~255   C. -32 768~32 767   D. 0~65 535
2. 用 uint 代替无符号整数的宏定义语句是_____。

技能训练

跑马灯控制系统硬件电路参考图 1-32 所示的流水灯控制硬件电路，其工作情况如下：D1→D2→D3→…→D8，即 8 个 LED 灯轮流点亮，如此循环工作，时间间隔为 0.5 s。设计要求如下：

①利用 Keil 软件设计软件程序，补全下列参考程序代码。
②进行联调软件参数设置，并加载生成的可执行文件。
③单步联调仿真，观察跑马灯工作情况。

```
#include<reg51.h>
_____              //头文件包含
_____              //无符号字符宏定义
_____              //无符号整数宏定义
/******延时函数******/        //晶振为 12 MHz
void delay()
{
    _____          //变量定义
    _____          //循环控制
    _____          //空操作函数调用
```

```
                            }
/******主函数******/
main()
{
    _____              //变量初始化
    while(1)
    {
        _____          //跑马灯控制
        _____          //调用延时函数
        _____          //变量值修改
    }
}
```

设计完成后回答以下问题：

①若将移位次数改为2，跑马灯工作情况是_____；若将循环左移函数改为循环右移函数，跑马灯的工作情况是_____。

②已知变量 a = 11111110B，采用循环左移位函数_crol_( ) 使变量 a = 11111101B 的控制语句是_____。

③当循环移位次数 n 大于 8 时，等效的移位次数为_____；当移位运算符移位次数 n 大于 8 时，移位后变量的值为_____。

思考练习

霓虹灯控制系统各 LED 灯工作情况如下：D1→D2→…→D8→D1 ~ D4→D5 ~ D8→D1→D1、D2→…→D1 ~ D8→全灭→全亮，如此循环工作，时间间隔为 0.5 s，设计要求如下：

①霓虹灯控制系统硬件电路如图 1-32 所示。

②补全霓虹灯控制系统软件程序（提示：采用一维数组实现）。

```
#include<reg51.h>
#include<intrins.h>
/******延时函数******/    //晶振为12 MHz
void delay()
{
    _____              //变量定义
    _____              //第一重循环
    _____              //第二重循环
    _____              //第三重循环
    _____              //空操作函数
```

```
}
/******主函数******/
main()
{
    _____                    //循环变量定义
    /******数组初始化******/
    _____
    _____
    while(1)
    {
        _____           //循环控制
        {
            _____       //LED灯控制
            delay();
        }
    }
}
```

项目二

电子时钟控制系统设计

电子时钟是实现计时和显示的装置,广泛应用于商场、车站、办公室等公共场所,给人们工作、学习和生活等带来极大方便。本项目介绍利用单片机实现电子秒表控制系统的设计与调试,内容包括数码管静态显示控制系统设计、数码管动态扫描控制系统设计、电子秒表控制系统设计3个任务。通过以上3个任务的学习,熟悉单片机内部的定时器/计数器和中断控制系统原理,掌握单片机定时器/计数器和中断控制系统的应用。

任务1　数码管静态显示控制系统设计

知识目标	技能目标	素养目标
1. 会分析数码管静态显示原理; 2. 会分析数码管软译码和硬译码工作原理。	1. 能用软译码方式控制数码管静态显示; 2. 能用硬译码方式控制数码管静态显示。	1. 操作规范,符合5S管理要求; 2. 具备总结归纳、分析与比较能力。

设计要求:利用单片机控制1个数码管,编程使其静态循环显示0~9,时间间隔为1 s。

任务分析:①七段数码管有a~g段,可连接单片机的I/O口,若为共阳极数码管,则当引脚输出低电平时,数码管对应的段点亮,否则不亮;②数码管显示字形数据无规律,因此需要用一维数组存放数字0~9字形码,通过数组引用完成字形显示。

知识导航

一、数码管结构及显示原理

1. 数码管结构

数码管是一种半导体发光器件,其基本单元是发光二极管。数码管引脚如图 2-1 所示,八段数码管由 8 个发光二极管构成,通过不同的发光字段组合来显示数字 0~9、字符 A~F 及小数点等(七段数码管不显示小数点)。

根据数码管的连接方式,可将其分为共阳极和共阴极两种。数码管内部结构如图 2-2 所示。

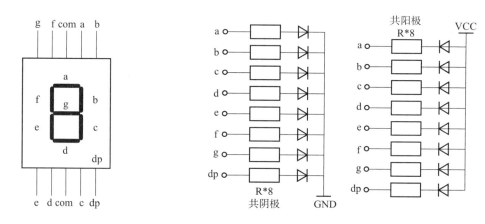

图 2-1 数码管引脚　　　　　　图 2-2 数码管内部结构

①共阴极数码管是将 8 个发光二极管的阴极连接在一起作为公共控制端(com),工作时需接低电平。阳极作为段控制端,当某段控制端为高电平时,该段对应的发光二极管导通并点亮。

②共阳极数码管是将 8 个发光二极管的阳极连接在一起作为公共控制端(com),工作时需接高电平。阴极作为段控制端,当某段控制端为低电平时,该段对应的发光二极管导通并点亮,通过点亮不同的段,显示不同的字符。

2. 数码管显示原理

根据数码管的译码方式,可将其分为软译码和硬译码两种。软译码方式是通过编程实现数码管字形显示,即将单片机 I/O 口的 8 个引脚依次与数码管的 a~dp 引脚相连,根据需要显示的内容传送相应的字形编码即可。共阳极和共阴极数码管字形编码表见表 2-1。

表 2-1 共阳极和共阴极数码管字形编码表

字符	共阳极								共阴极							
	dp	g	f	e	d	c	b	a	字形码	dp	g	f	e	d	c	b	a	字形码
0	1	1	0	0	0	0	0	0	0XC0	0	0	1	1	1	1	1	1	0X3F
1	1	1	1	1	1	0	0	1	0XF9	0	0	0	0	0	1	1	0	0X06
2	1	0	1	0	0	1	0	0	0XA4	0	1	0	1	1	0	1	1	0X5B

续表

字符	共阳极								字形码	共阴极								字形码
	dp	g	f	e	d	c	b	a		dp	g	f	e	d	c	b	a	
3	1	0	1	1	0	0	0	0	0XB0	0	1	0	0	1	1	1	1	0X4F
4	1	0	0	1	1	0	0	1	0X99	0	1	1	0	0	1	1	0	0X66
5	1	0	0	1	0	0	1	0	0X92	0	1	1	0	1	1	0	1	0X6D
6	1	0	0	0	0	0	1	0	0X82	0	1	1	1	1	1	0	1	0X7D
7	1	1	1	1	1	0	0	0	0XF8	0	0	0	0	0	1	1	1	0X07
8	1	0	0	0	0	0	0	0	0X80	0	1	1	1	1	1	1	1	0X7F
9	1	0	0	1	0	0	0	0	0X90	0	1	1	0	1	1	1	1	0X6F
A	1	0	0	0	1	0	0	0	0X88	0	1	1	1	0	1	1	1	0X77
b	1	0	0	0	0	0	1	1	0X83	0	1	1	1	1	1	0	0	0X7C
C	1	1	0	0	0	1	1	0	0XC6	0	0	1	1	1	0	0	1	0X39
d	1	0	1	0	0	0	0	1	0XA1	0	1	0	1	1	1	1	0	0X5E
E	1	0	0	0	0	1	1	0	0X86	0	1	1	1	1	0	0	1	0X79
F	1	0	0	0	1	1	1	0	0X8E	0	1	1	1	0	0	0	1	0X71

知识检测

1. 共阳极数码管公共端需接_____，共阴极数码管公共端需接_____。
2. 单片机 P1 口接 1 个 7 段数码管，执行语句 P1 = 0xc0 后，共阳极数码管显示_____，共阴极数码管显示_____。
3. 7 段共阳极数码管显示 b 时的控制数据是_____，7 段共阴极数码管显示 b 时的控制数据是_____。

二、数码管静态显示原理

根据数码管的驱动方式，可将其分为静态显示和动态扫描两种。静态显示是指每个数码管的每个段码都由单片机的一个 I/O 引脚驱动，或者使用二－十进制译码（BCD 码）器进行驱动。此时各个数码管的公共端恒定接地（共阴极）或电源（共阳极），每个数码管的控制引脚分别与一个 I/O 引脚相连，只要 I/O 端口有显示字形码输出，数码管就显示相应的字符，并保持不变，直到 I/O 端口输出新的段码。

采用静态显示方式，其优点是较小的电流就可以获得较高的亮度，且占用 CPU 时间少，编程简单，显示便于监测和控制。其缺点是静态显示方式占用单片机的 I/O 引脚较多，N 位数码管的静态显示需占用 $8N$ 个 I/O 引脚，所以限制了单片机连接数码管的个数，同时，硬件电路复杂、成本高，适用于显示位数较少的场合。

> **知识检测**
>
> 1. 两个共阳极数码管静态软译码工作时，其公共端接_____，占用的I/O引脚数是_____。
> 2. 根据连接方式，数码管可分为（　　）；根据驱动方式，数码管可分为（　　）；根据译码方式，数码管可分为（　　）。
>   A. 共阳极　　　B. 共阴极　　　C. 硬译码　　　D. 软译码
>   E. 静态显示　　F. 动态扫描

任务实施

一、硬件电路

补全如图2-3所示的数码管静态显示控制系统硬件电路。

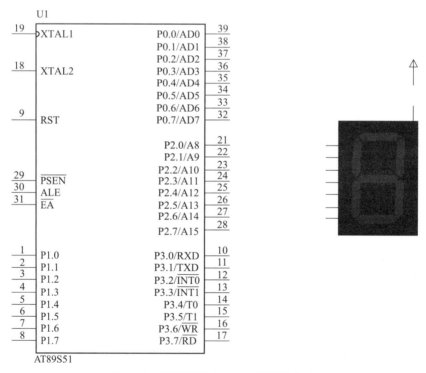

图2-3　数码管静态显示控制硬件电路

二、软件程序

补全如下数码管静态显示控制系统软件程序。

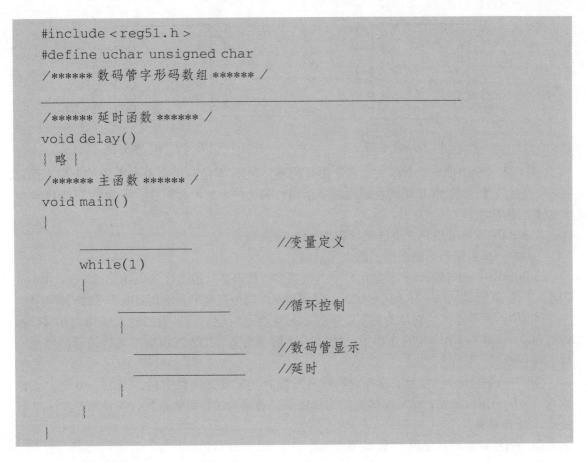

三、系统调试

进行 Proteus 软件和 Keil 软件联调，观察数码管工作情况，并回答以下问题。

①若将硬件电路改为共阴极数码管，则工作情况为_____；若要正常显示，需将程序中的数码管显示语句改为_____。

②若显示内容改为从 9 到 0 循环显示，则需将循环控制语句改为_____，或者将数码管字形码数组中的元素_____排列。

③若未定义数码管字形码数组，而是将循环变量赋予 I/O 口，则数码管显示内容为_____。定义时，关键字 code 的作用为将数组元素存储在_____。

拓展知识

数码管硬译码工作原理

1. 译码器

BCD – 7 段数码管译码器的功能是将 4 位二 – 十进制数（BCD 码）转换成 7 段字形码，即直接把数字转换为数码管的显示字形，从而可以简化程序，节约单片机的 I/O 引脚开销，常用的译码器为 74LS47 和 74LS48，其引脚分别如图 2–4 和图 2–5 所示。

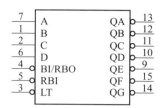
图 2-4　74LS47 引脚

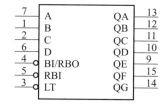
图 2-5　74LS48 引脚

74LS47 是输出低电平有效的七段字形译码器，74LS48 是输出高电平有效的七段字形译码器，它们能将 4 位 BCD 码转化成七段字形码，驱动一个七段数码管。下面以 74LS47 为例介绍其引脚功能：

①A～D：4 位二进制－十进制（BCD 码）输入端。

②QA～QG：字形码输出端，低电平有效。

③BI/RBO：灭灯输入/灭零输出，专为控制多位数码显示的灭灯/灭零所设置。BI/RBO = 0 时，不论 LT 和输入 A～D 为何种状态，译码器输出均为高电平，使共阳极 7 段数码管熄灭。

④RBI：灭零输入，它是为使不希望显示的 0 熄灭而设定的。当四输入端均为 0 时，本应显示 0，但是在 RBI = 0 的作用下，使译码器输出全 1。其结果和加入灭灯信号的结果一样，将 0 熄灭。

⑤LT：试灯输入，是为了检查数码管各段能否正常发光而设置的。当 LT = 0 时，无论输入 A～D 为何种状态，译码器输出均为低电平。若驱动的数码管正常，则显示 8。

2. 硬件电路

数码管硬译码硬件电路如图 2-6 所示。

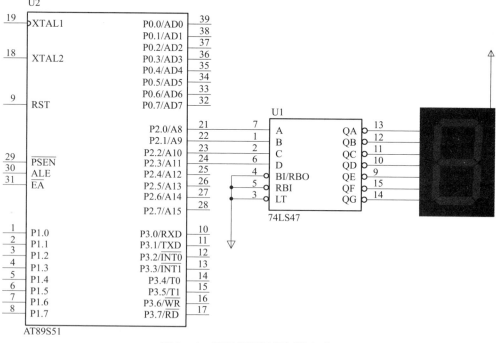

图 2-6　数码管硬译码硬件电路

3. 软件程序

数码管硬译码软件程序如下：

```c
#include<reg51.h>
#define uchar unsigned char
/****** 延时函数 ******/
void delay()
{略}
/****** 主函数 ******/
void main()
{
    uchar i;                          //变量定义
    while(1)
    {
        for(i=0;i<10;i++)             //循环控制
        {
            P2=i;                     //显示字形
            delay();                  //延时
        }
    }
}
```

> **知识检测**
>
> 1. 两个数码管采用静态硬译码方式需要占用_____个 I/O 引脚，采用静态软译码方式需要占用_____个 I/O 引脚。
> 2. 驱动共阳极数码管的译码器是_____，驱动共阴极数码管的译码器是_____。
> 3. 译码器 74LS47 中输入端是_____，输出端是_____。若输入信号为 0110，则数码管显示字形为_____。若 LT 接低电平，则输出数码管显示字形为_____。

技能训练

设计数码管硬译码控制系统，实现两只数码管循环显示 00~99，时间间隔为 1 s，设计要求如下：

①利用 Proteus 软件设计硬件电路，其中译码器采用 74LS48，补全如图 2-7 所示参考硬件电路。

②利用 Keil 软件设计软件程序，补全参考软件程序。

③进行数码管硬译码控制系统软硬件联调，观察数码管工作情况。

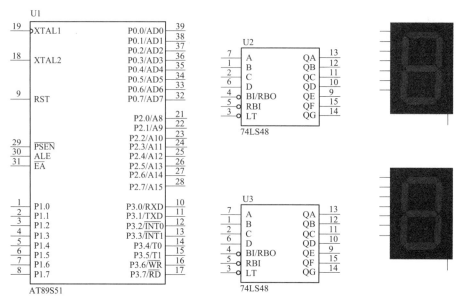

图2-7 数码管硬译码控制系统硬件电路

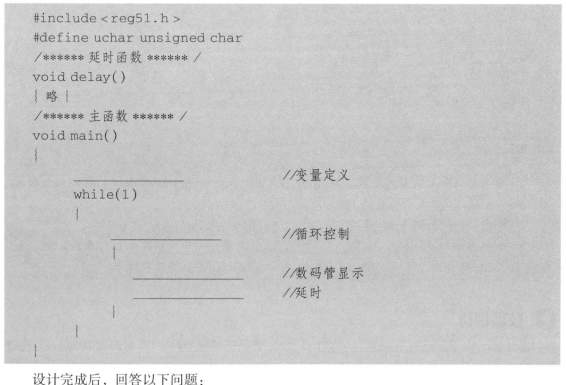

设计完成后，回答以下问题：

①电路中数码管类型为共_____极，译码器74LS48输出_____电平有效。

②电路中占用的I/O端口数为_____，若改为软译码，占用的I/O端口数为_____。

③程序中取数据十位的运算符为_____，取数据个位的运算符为_____。

④程序中若十位数为a，个位数为b，则数码管显示a*10+b的语句为_____。

思考练习

设计数码管软译码控制系统，设计要求如下：
①利用单片机 P2 和 P3 口控制两只数码管循环显示 00~99，时间间隔为 1 s。
②补全如图 2-8 所示的数码管软译码控制系统硬件电路。

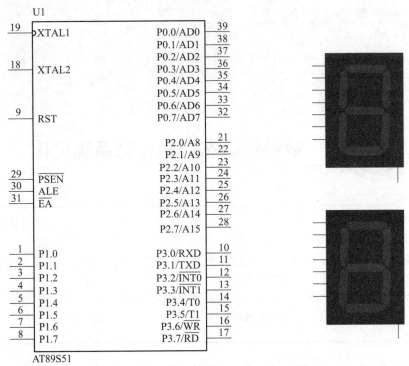

图 2-8 数码管软译码控制系统硬件电路

③补全数码管软译码控制系统如下软件程序：

```
#include<reg51.h>
#define uchar unsigned char
/****** 数码管字形码数组 ****** /
_____
/****** 延时函数 ****** /
void delay()
{略}
/****** 主函数 ****** /
void main()
{
    _____          //变量定义
    while(1)
    {
```

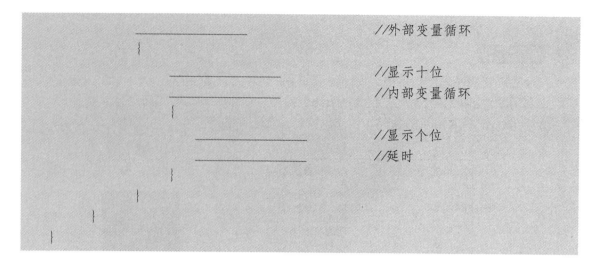

任务 2　数码管动态扫描控制系统设计

知识目标	技能目标	素养目标
1. 会分析定时器/计数器结构及工作原理； 2. 会分析数码管动态扫描原理及控制方法。	1. 会设置定时器/计数器相关寄存器参数； 2. 会设计数码管动态扫描硬件电路和软件程序。	1. 操作规范，符合 5S 管理要求； 2. 具备举一反三、独立思考和自主学习能力。

设计要求：利用单片机 I/O 口控制数码管从 9 到 0 倒计时循环显示，时间间隔为精确 1 s。

任务分析：①控制要求精确 1 s 时间间隔，需要对单片机的定时器/计数器系统进行初始化，包括设置工作方式、计数初值等；②数码管从 9 到 0 倒计时，初值为 9，终值为 0，当计数变量减到 0 之后，再隔 1 s 需重新给计数变量赋初值 9。

知识导航

一、定时器/计数器结构

1. 定时器/计数器组成

AT89S51 单片机内部有两个 16 位可编程定时器/计数器，简称定时器 0（T0）和定时器 1（T1）。16 位定时器/计数器实质上是一个加 1 计数器，可实现定时和计数两种功能，其逻辑结构如图 2-9 所示。由图 2-9 可知，定时器/计数器主要由以下部分组成：

①两个 16 位可编程定时器/计数器 T0 和 T1：它们分别由两个 8 位特殊功能寄存器组成，即 T0 由 TH0 和 TL0 组成、T1 由 TH1 和 TL1 组成，用于存放定时或计数初始设定值。

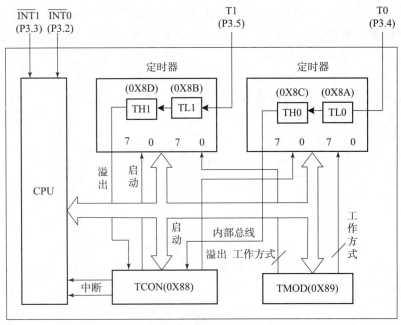

图 2-9 定时器/计数器逻辑结构

②工作方式寄存器 TMOD：每个定时器/计数器都可由软件设置成定时器模式或计数器模式，在这两种模式下，又可单独设定其工作方式。

③控制寄存器 TCON：由软件通过 TCON 来控制定时器/计数器的启动/停止。当启动定时器/计数器后，从设定的计数初值开始加 1 计数，寄存器计满回零时，能够自动产生溢出中断请求。

2. 工作方式寄存器 TMOD

TMOD 为定时器/计数器的工作方式寄存器，其格式如图 2-10 所示。

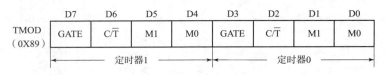

图 2-10 TMOD 格式

①M1 和 M0：方式选择位，其含义见表 2-2。

表 2-2 方式选择位含义

M1	M0	工作方式	功能说明
0	0	方式 0	13 位计数器
0	1	方式 1	16 位计数器
1	0	方式 2	初值自动重载 8 位计数器
1	1	方式 3	T0：分成两个 8 位计数器；T1：停止计数

②$C/\overline{T}$：功能选择位。$C/\overline{T}=0$ 时，设置为定时器工作模式；$C/\overline{T}=1$ 时，设置为计数器工作模式。

③GATE：门控位。当 GATE = 0 时，为软件启动方式，将 TCON 寄存器中的 TR0 或 TR1 置 1 即可启动相应定时器；当 GATE = 1 时，为硬软件共同启动方式，软件控制位 TR0 或 TR1 需置 1，同时，还需INT0或INT1为高电平才可启动相应定时器。

3. 控制寄存器 TCON

定时器/计数器控制寄存器 TCON 的作用是控制定时器/计数器的启动、停止，标识定时器的溢出和中断情况。TCON 的格式如图 2 – 11 所示。

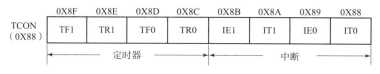

图 2 – 11　TCON 格式

TF1（TF0）：T1（T0）溢出中断标志。当 T1（T0）计满溢出时，由硬件自动使 TF1（TF0）置 1。在中断允许时，该位向 CPU 发出 T1（T0）的中断请求。进入中断服务程序后，该位由硬件自动清零。在中断屏蔽时，TF1（TF0）可作查询测试用，此时只能由软件清零。

TR1（TR0）：T1（T0）运行控制位。由软件置 1 或清零来启动或关闭 T1（T0）。当 GATE = 0 时，TR1（TR0）置 1 即可启动 T1（T0）。当 GATE = 1 且 INT1（INT0）为高电平时，TR1（TR0）置 1 启动 T1（T0）。

其他 4 位用于控制外部中断，与定时器/计数器无关。

知识检测

1. 定时器/计数器由_____、_____、_____和_____ 4 个寄存器组成。
2. 工作方式寄存器为_____，其方式选择位为_____和_____，功能选择位为_____，门控位为_____。
3. T1 方式 1 软启动定时、T0 方式 0 软启动计数，则 TMOD 控制字为_____。
4. 控制寄存器为_____，其 T0 溢出标志位为_____，T0 启动标志位为_____。

二、定时器/计数器工作方式

1. 工作方式 0

工作方式 0 为一个 13 位定时器/计数器，T0 方式 0 逻辑电路结构如图 2 – 12 所示。

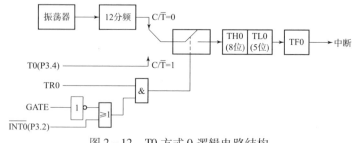

图 2 – 12　T0 方式 0 逻辑电路结构

方式 0 时，16 位加法计数器（TH0 和 TL0）只用了 13 位，其中 TH0 占高 8 位，TL0 占低 5 位（高 3 位未用）。当 TL0 低 5 位溢出时，自动向 TH0 进位，而 TH0 溢出时，向中断位 TF0 进位（硬件自动置位），并申请中断。T1 的结构和操作与 T0 的完全相同。T0 工作方式 0 计数初值计算方法如下：TH0 =（8192 – 计数值）/32，TL0 =（8192 – 计数值）%32。T0 采用工作方式 0 实现 1 s 延时函数如下（晶振频率为 12 MHz）：

```
void delay()
{
    unsigned char i;
    TMOD = 0x00;                    //设置 T0 为工作方式 0
    for(i = 0;i < 200;i ++)         //设置 200 次循环计数
    {
        TH0 = (8192 – 5000)/32;     //设置定时器初值
        TL0 = (8192 – 5000)%32;
        TR0 = 1;                    //启动 T0
        while(! TF0);               //查询 5 ms 时间是否到
        TF0 = 0;                    //将定时器溢出标志位清零
    }
}
```

2. 工作方式 1

工作方式 1 为一个 16 位定时器/计数器，T0 方式 1 逻辑电路结构如图 2 – 13 所示。

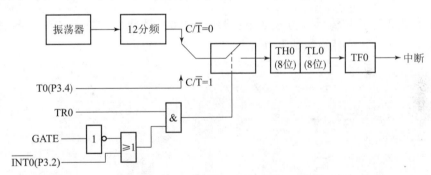

图 2 – 13 T0 方式 1 逻辑电路结构

方式 1 工作原理与方式 0 的类似，T1 的结构和操作与 T0 的完全相同。T0 工作方式 1 计数初值计算方法如下：TH0 =（65536 – 计数值）/256，TL0 =（65536 – 计数值）%256。T0 采用工作方式 1 实现 1 s 延时函数如下（晶振频率为 12 MHz）：

```
void delay()
{
    unsigned char i;
    TMOD = 0x01;                    //设置 T0 为工作方式 1
    for(i = 0;i < 20;i ++)          //设置 20 次循环计数
```

```
        {
            TH0 = (65536 - 50000)/256;        //设置定时器初值
            TL0 = (65536 - 50000)%256;
            TR0 = 1;                          //启动T0
            while(!TF0);                      //查询50 ms时间是否到
            TF0 = 0;                          //将定时器溢出标志位清零
        }
}
```

3. 工作方式2

工作方式2中TL0是8位计数器，TH0是重置初值的8位缓冲器。T0方式2逻辑电路结构如图2-14所示。

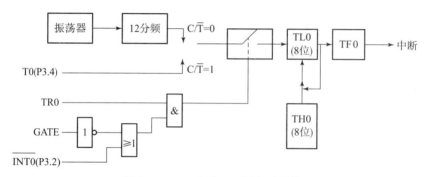

图2-14 T0方式2逻辑电路结构

T0工作方式2计数初值计算方法如下：TH0 = 256 - 计数值，TL0 = 256 - 计数值。采用T0工作方式2实现1 s延时函数如下（晶振频率为12 MHz）：

```
void delay()
{
    unsigned int i;
    TMOD = 0x02;                      //设置T0为工作方式2
    TH0 = 256 - 250;                  //设置定时器初值
    TL0 = 256 - 250;
    for(i = 0;i < 4000;i++)           //设置4 000次循环计数
    {
        TR0 = 1;                      //启动T0
        while(!TF0);                  //查询250 μs时间是否到
        TF0 = 0;                      //将定时器溢出标志位清零
    }
}
```

4. 工作方式3

T0工作方式3时，只有T0可以设置为工作方式3，T1设置为工作方式3后不工作。T0

工作方式3时的工作情况如下：T0分解成两个独立的8位计数器TH0和TL0。TL0既可用于定时，也能用于计数；TH0只能用于定时。T0方式3逻辑电路结构如图2-15所示。

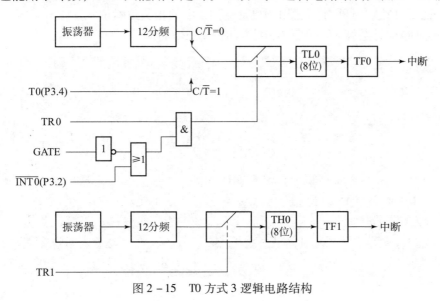

图2-15　T0方式3逻辑电路结构

T0工作方式3计数初值计算方法如下：TH0 = 256 - 计数值，TL0 = 256 - 计数值。

5. 定时器/计数器工作过程

定时器/计数器的工作过程如下：

（1）设置定时器/计数器的工作方式

通过对方式寄存器TMOD的设置，确定相应的定时器/计数器功能、工作方式及启动方式。

定时器/计数器的功能：定时、计数；

定时器/计数器的工作方式：方式0、方式1、方式2、方式3；

定时器/计数器的启动方式：软启动、硬启动。

（2）设置计数初值

T0、T1是16位加法计数器，分别由两个8位特殊功能寄存器组成，T0由TH0和TL0组成，T1由TH1和TL1组成。每个寄存器均可被单独访问，因此，可以被设置为8位、13位或16位的计数器使用。在计数器允许的计数范围内，计数器可以从任何值开始计数，当计到最大值时，产生溢出。

（3）启动定时器/计数器

根据设置的定时器/计数器的启动方式，启动定时器/计数器，如果采用软件启动，则需要把控制寄存器TCON中的TR0或TR1置1；如果采用软硬件共同启动方式，不仅需要把TR0、TR1置1，还需要相应外部启动信号为高电平。

（4）计数溢出

计数溢出标志位在控制寄存器TCON中用于通知用户定时器/计数器已经计满，用户可以采用查询方式或中断方式进行操作。

定时器/计数器时初始化步骤如下：

①确定定时器/计数器的工作方式：确定方式控制字并写入TMOD；

②预置定时初值或计数初值：根据定时时间或计数次数，计算定时初值或计数初值，并写入 TH0、TL0 或 TH1、TL1；

③根据需要开放定时器/计数器的中断：将 IE 中的相关位赋值；

④启动定时器/计数器：将 TCON 中的 TR1 或 TR0 置 1。

知识检测

1. 定时器工作方式 0 是_____位定时/计数器，其最大计数值为_____；定时器工作方式 1 是_____位定时/计数器，其最大计数值为_____；定时器工作方式 2 可分为 2 个_____位定时/计数器，其最大计数值为_____。

2. T1 工作方式 1 重装初值方法为：TH1 =_____，TL1 =_____；T1 工作方式 2 重装初值方法为：TH1 =_____，TL1 =_____。

3. 定时器初始化步骤为：_____、_____、_____和_____。

4. 定时器工作方式中定时时间最长的是（　　），具有自动重装功能的是（　　）。

A. 方式 0　　　B. 方式 1　　　C. 方式 2　　　D. 方式 3

任务实施

一、硬件电路

补全如图 2-16 所示数码管倒计时控制系统硬件电路。

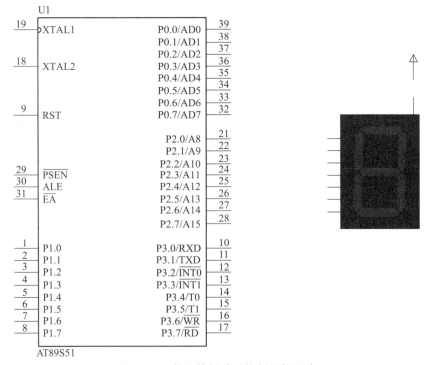

图 2-16　数码管倒计时控制硬件电路

二、软件程序

补全如下数码管倒计时控制系统软件程序：

```
#include<reg51.h>
#define uchar unsigned char
/****** 数码管字形码数组 ****** /
_____
/****** 延时函数 ****** /
void delay()
{
    _____          //变量定义
    _____          //设定T0工作方式1
    _____          //循环控制
    {
        _____      //装初值
        _____      //装初值
        _____      //启动定时器
        _____      //标志位查询
        _____      //清除标志位
    }
}
/****** 主函数 ****** /
void main()
{
    _____          //变量定义
    while(1)
    {
        _____      //循环控制
        {
            _____  //数码管显示
            _____  //延时
        }
    }
}
```

三、系统调试

进行 Proteus 软件和 Keil 软件联调，观察数码管工作情况，并回答以下问题。

①若将程序改 T1 工作方式 1，则 TOMD 控制字为_____，此时定时器初值设定为

_____，变量终值设定为_____。

②TH0 装初值的方法可以为_____、_____或_____。

③查询标志位语句可以为_____、_____或_____。

④若将程序中的清除标志位语句去掉，则工作情况为_____。

拓展知识

一、数码管动态扫描原理

数码管动态扫描是一种按位轮流点亮的显示方式，控制数码管显示字形的输出端称为段选端，控制哪位数码管显示的公共端称为位选端。动态扫描时，某一时段某位数码管位选端有效，送出相应的字形码给其段选端即可显示，此时其他数码管因位选端无效而熄灭；下一时段按顺序选通另外一位数码管，并送出相应的字形码给段选端，按此规律循环下去，即可使各位数码管分别间断地显示出相应的字符。这一过程称为动态扫描显示。动态扫描时，数码管其实是轮流依次点亮的，但由于人眼具有视觉驻留效应，因此，当每个数码管点亮的时间小到一定程度（2 ms 左右）时，人就感觉不出字符的移动或闪烁，认为每位数码管都一直在显示，达到一种稳定的视觉效果。动态扫描方式的特点是占用单片机的 I/O 引脚较少，N 位数码管的动态扫描，共需占用 $8+N$ 个 I/O 引脚，硬件电路简单、成本低，适用于显示位数较多的场合。

知识检测

1. 数码管动态扫描时，字形码输出端称为_____，公共端称为_____。

2. 4 个数码管软译码动态扫描时，需要占用_____个 I/O 引脚；硬译码动态扫描时，需要占用_____个 I/O 引脚。

3. 数码管动态扫描时，应先传送_____码，再传送_____码。

二、动态扫描位选控制方法

常用的数码管动态扫描位选控制方法有直接法、移位法和数组法 3 种，下面以四位一体共阳极数码管显示数字 0000~9999 为例介绍 3 种位选控制方法。假设数码管 P2 口为段选端，P3.0~P3.3 为位选端，四位数码管动态扫描控制电路如图 2-17 所示。

1. 直接法

直接法就是直接将数码管位选端赋值控制字，然后相应的段选端也直接赋值字形码，由此得到的数码管显示控制程序段如下：

```
P3 = 0x08;                  //个位位选控制
P2 = led[num% 10];          //个位段选控制
delay();
P3 = 0x04;                  //十位位选控制
```

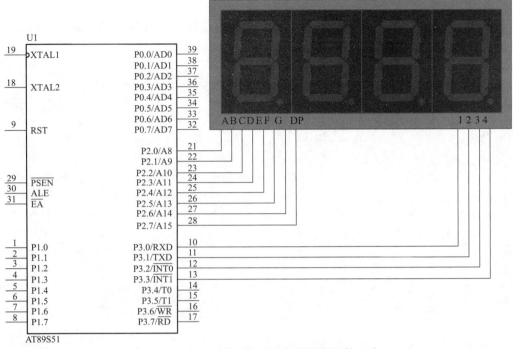

图 2-17 四位数码管动态扫描控制硬件电路

```
P2 = led[num/10%10];            //十位段选控制
delay();
P3 = 0x02;                      //百位位选控制
P2 = led[num/100%10];           //百位段选控制
delay();
P3 = 0x01;                      //千位位选控制
P2 = led[num/1000];             //千位段选控制
delay();
```

2. 移位法

移位法就是通过移位方式给数码管位选端赋值控制字,相应的段选端可直接或利用循环方式赋值字形码,由此得到的数码管显示控制程序段如下:

```
i = 0x08;                       //移位初值
for(j = 0;j < 4;j ++)            //移位次数
{
    P3 = i;                     //位选控制
    P2 = led[num%10];           //段码控制
    i = i >> 1;                 //初值移位
    num = num/10;               //数值处理
    delay();
}
```

3. 数组法

数组法就是将位选端的控制字存入数组，相应的段选端可直接或利用数组赋值字形码，由此得到的数码管显示控制程序段如下：

```c
wei[] = {0x08,0x04,0x02,0x01};          //位选数组
for(i = 0;i < 4;i ++)
{
        duan[i] = led[num% 10];         //段码控制
        num = num/10;                    //数值处理
}
for(i = 0;i < 4;i ++)
{
        P3 = wei[i];                     //位码控制
        P2 = duan[i];                    //段码控制
        delay();
}
```

知识检测

1. 常用的数码管动态扫描方式有_____、_____和_____3种。
2. 3位数 n 的百位数值计算方法为_____，十位数值计算方法为_____。
3. 3种位选控制方法中，当数码管位数较少时，应采用_____；当数码管各位显示内容无规律时，应采用_____。

技能训练

设计两位数码管动态扫描控制系统，实现数码管循环显示 00～99，时间间隔为 1 s，设计要求如下：

①利用 Proteus 软件设计硬件电路，补全如图 2 - 18 所示参考硬件电路；
②利用 Keil 软件设计软件程序，补全参考软件程序；
③进行数码管动态扫描控制系统软硬件联调，观察数码管工作情况。

```c
#include <reg51.h>
#define uchar unsigned char
uchar code led[] = {0xc0,0xf9,0xa4,0xb0,0x99,0x92,0x82,0xf8,0x80,0x90};
/******2 ms 延时函数******/
void delay()
{
```

项目二 电子时钟控制系统设计

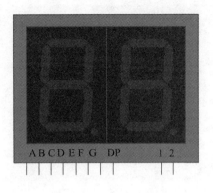

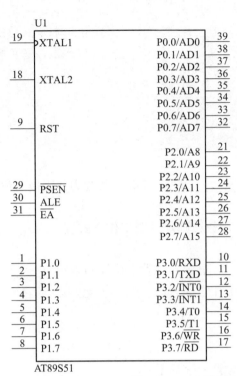

图 2-18 两位数码管动态扫描控制硬件电路

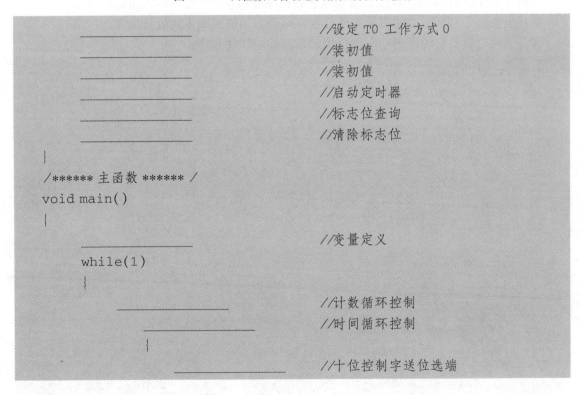

　　　　_____　　　　　　　　　　//十位字形码送段选端
　　　　_____　　　　　　　　　　//延时 2 ms
　　　　_____　　　　　　　　　　//个位控制字送位选端
　　　　_____　　　　　　　　　　//个位字形码送段选端
　　　　_____　　　　　　　　　　//延时 2 ms
　　　}
　}
}

设计完成后，回答以下问题：
① 电路中选用共阳极两位一体数码管名称为_____，若改为共阴极两位一体数码管，则名称为_____。
② 程序中若将 2 ms 延时函数改为 10 ms 延时函数，则定时器工作方式应改为_____，时间循环控制语句改为_____。
③ 程序中显示数码管个位控制语句为_____，显示数码管十位控制语句为_____。
④ 程序中若将位选和段选语句互换，则系统工作情况为_____。

思考练习

设计两位数码管硬译码动态扫描控制系统，设计要求如下：
① 利用单片机 P2 和 P3 口控制两只数码管循环显示 00~99，时间间隔为 1 s。
② 补全如图 2-19 所示的两位数码管硬译码动态扫描控制系统硬件电路。
③ 补全两位数码管硬译码动态扫描控制系统如下软件程序：

```
#include<reg51.h>
#define uchar unsigned char
_____                    //位码数组
_____                    //段码数组
/******2 ms 延时函数******/
void delay()
{
    _____                //设定 T0 工作方式 1
    _____                //装初值
    _____                //装初值
    _____                //启动定时器
    _____                //标志位查询
    _____                //清除标志位
}
/******主函数******/
void main()
```

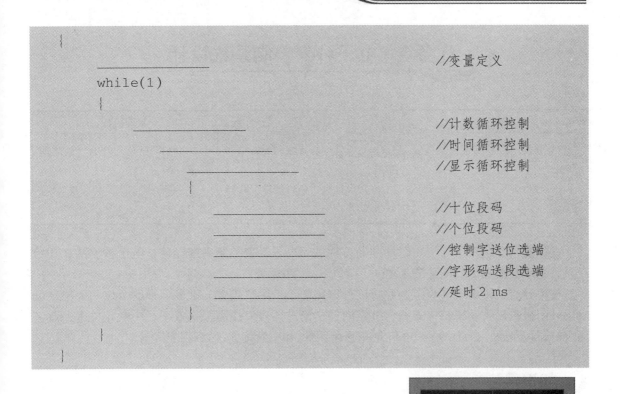

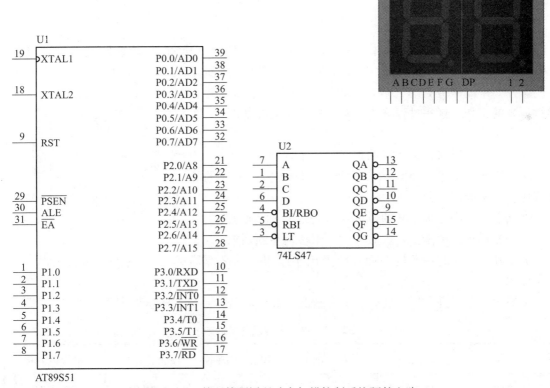

图 2-19 数码管硬译码动态扫描控制系统硬件电路

任务3　电子秒表控制系统设计

知识目标	技能目标	素养目标
1. 会分析中断控制系统结构及原理； 2. 会分析中断系统功能及处理过程。	1. 会设置中断系统相关寄存器参数； 2. 会设计电子秒表硬件电路和软件程序。	1. 操作规范，符合5S管理要求； 2. 具备独立思考和自主学习能力。

设计要求：利用单片机定时器中断方式进行电子秒表控制系统设计，电子秒表从0开始计时，每秒数值加1，加到59后再从0开始，不断循环。

任务分析：①电子秒表控制系统硬件电路需要2个数码管分别显示秒的个位和十位，可采用共阳极数码管动态扫描方式；②定时器中断方式可以提高工作效率，中断相关寄存器包括定时器控制寄存器TCON、中断允许寄存器IE和中断优先级寄存器IP等。

知识导航

一、中断概述

1. 中断概念

当CPU正在处理某事件时，外部发生了另一事件（如定时器/计数器溢出等），请求CPU迅速处理，于是CPU暂时中断当前工作，转去处理所发生的事件。中断服务处理完成后，再回到原来被中断的地方继续原来的工作，这一过程称为中断。中断示意图如图2-20所示。

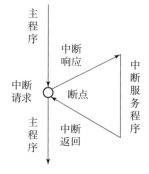

图2-20　中断示意图

①主程序：原来正常执行的程序称为主程序。
②中断服务程序：CPU响应中断后，转去执行相应的处理程序称为中断服务程序。
③断点：主程序被断开的位置（或地址）称为断点。
④中断请求：中断源要求服务的请求称为中断请求。
⑤中断源：引起中断的原因或能发出中断申请的来源称为中断源。

AT89S51单片机中断系统有5个中断源，其中断名称及请求标志见表2-3。

表2-3　中断名称及请求标志

中断名称	外部中断0	外部中断1	T0溢出中断	T1溢出中断	串行口中断
请求标志	$\overline{INT0}$	$\overline{INT1}$	TF0	TF1	RI或TI

2. 中断功能

中断系统是指能实现中断功能的硬件和软件。中断系统的功能一般包括以下几个方面：中断优先级排队、实现中断嵌套、自动响应中断和执行中断返回。

（1）中断优先级排队

通常单片机中有多个中断源，设计人员按轻重缓急给每个中断源的中断请求赋予一定的中断优先级。当两个或两个以上的中断源同时请求中断时，CPU可通过中断优先级排队电路，首先响应中断优先级高的中断请求。等到处理完优先级高的中断请求后，再来响应优先级低的中断请求。

（2）实现中断嵌套

CPU在响应某一中断源中断请求而进行中断处理时，若有中断优先级更高的中断源发出中断请求，CPU会暂停正在执行的中断服务程序，转向执行中断优先级更高的中断源的中断服务程序。等处理完这个高优先级的中断请求后，再返回来继续执行被暂停的中断服务程序，这个过程称为中断嵌套。

（3）自动响应中断

中断源向CPU发出中断请求是随机的。CPU总是在每条指令的最后状态对中断请求信号进行检测。当某一中断源发出中断请求时，CPU能根据相关条件（如中断优先级、是否允许中断）进行判断，决定是否响应这个中断请求。若允许响应这个中断请求，CPU在执行完相关指令后，自动完成断点地址压入堆栈、中断矢量地址送入程序计数器PC、撤除本次中断请求标志，转去执行相应中断服务程序。

（4）实现中断返回

CPU响应某一中断源中断请求，转去执行相应中断服务程序，在执行中断服务程序最后的中断返回指令时，自动弹出堆栈区中保存的断点地址，返回到中断前的原程序中。

3. 中断特点

中断的特点主要有以下几个：

（1）实时处理

在实时控制中，现场的各种参数、信息的变化是随机的。这些外设变量可根据要求随时向CPU发出中断申请，请求CPU及时处理。如中断条件满足，CPU马上就会响应，转去执行相应的处理程序，从而实现实时控制。

（2）同步工作

中断是CPU与接口之间的信息传送方式之一，它使CPU与外设同步工作，较好地解决了CPU与慢速外设之间的配合问题。

（3）异常处理

针对难以预料的异常情况，如掉电、运算溢出等，可通过中断系统由故障源向CPU发出中断请求，再由CPU转到相应的故障处理程序进行处理。

知识检测

1. 正常执行的程序称为_____，CPU响应中断后执行的服务程序称为_____，能够引起中断的原因称为_____，其发出的请求称为_____。

2. AT89S51 单片机有5个中断源,分别是外部中断0请求_____、外部中断1请求_____、T0溢出中断请求_____、T1溢出中断请求_____和串行口中断请求_____或_____。
3. 中断的特点主要有_____、_____和_____。
4. 下列选项属于中断功能的是（　　）。
A. 中断排队　　　B. 中断嵌套　　　C. 中断响应　　　D. 中断返回

二、中断系统结构

1. 中断相关寄存器

AT89S51 单片机中断系统主要由4个特殊功能寄存器和硬件查询电路等组成：
①定时器控制寄存器 TCON：主要用于保存中断信息。
②串行口控制寄存器 SCON：主要用于保存中断信息。
③中断允许寄存器 IE：主要用于控制中断的开放和禁止。
④中断优先级寄存器 IP：主要用于设定中断优先级别。
中断系统结构如图2-21所示。

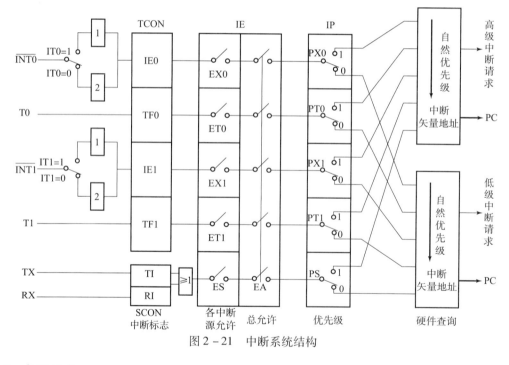

图 2-21　中断系统结构

2. 中断标志

中断系统中，对应每个中断源都有一个中断标志位，分别在定时器控制寄存器 TCON 和串行口控制寄存器 SCON 中。TCON 寄存器的格式如图 2-22 所示。

T1 溢出中断标志 TF1（TCON.7）：T1 被启动计数后，从初值开始加1计数。计满溢出后，由硬件置位 TF1，同时向 CPU 发出中断请求。此标志一直保持到 CPU 响应中断后才由硬件自动清零。也可由软件查询该标志，并由软件清零。

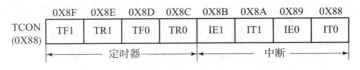

图 2-22 TCON 寄存器格式

T0 溢出中断标志 TF0(TCON.5)：T0 被启动计数后，从初值开始加 1 计数。计满溢出后，由硬件置位 TF0，同时向 CPU 发出中断请求。此标志一直保持到 CPU 响应中断后才由硬件自动清零。也可由软件查询该标志，并由软件清零。

TCON 中的低 4 位为外部中断标志位和外部中断触发方式控制位，串行口中断标志位在 SCON 中。

3. 中断开放和禁止

AT89S51 单片机中断系统内部设有一个专用寄存器 IE，用于控制 CPU 对各中断源的开放或禁止，IE 寄存器的格式如图 2-23 所示。

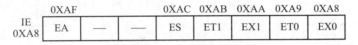

图 2-23 IE 寄存器格式

总中断允许控制位 EA(IE.7)：EA=1，开放所有中断，各中断源的允许和禁止可通过相应的中断允许位单独加以控制；EA=0，禁止所有中断。

T1 中断允许位 ET1(IE.3)：ET1=1，允许 T1 中断。

T0 中断允许位 ET0(IE.1)：ET0=1，允许 T0 中断。

其他几位为外部中断和串行口中断允许位。单片机系统复位后，IE 寄存器中各中断允许位均被清零，即禁止所有中断。

假设要开放定时器 T1 中断，则控制语句为 IE=0X88;，或者 EA=1;，ET1=1;。

知识检测

1. 中断标志位存储在_____和_____两个寄存器中。
2. T1 溢出中断标志位是_____，它由_____置位，由_____清零。
3. 中断允许寄存器是_____，总中断允许位是_____，T1 中断允许位是_____。若开放单片机的 T0 和 T1 中断，则控制程序段是_____。

三、中断服务程序

C51 支持在 C 源程序中直接以函数形式编写中断服务程序，常用的中断函数的定义形式如下：

```
void 函数名( ) interrupt n [using m]
```

① n 为中断类型号，n 的取值范围为 0~31（C51 编译器）。AT89S51 单片机提供了 5 个

中断源，它们所对应的中断类型号和中断服务程序入口地址见表2-4。

表2-4 中断类型编号和中断服务程序入口地址表

中断源	外部中断0	定时/计数器0	外部中断1	定时/计数器1	串行口
n	0	1	2	3	4
入口地址	0x0003	0x000b	0x0013	0x001b	0x0023

②不能进行参数传递。如果中断过程包括任何参数声明，编译器产生一个错误信息。

③无返回值。如果定义一个返回值，将产生错误，但如果返回值为整型，将不产生错误。

④不能直接调用中断函数，否则编译器将产生错误。

⑤m为该函数使用哪一组工作寄存器，取值范围为0~3。

知识检测

1. 中断函数的定义形式是_____，其中 n 的取值范围是_____，m 的取值范围是_____。

2. T0的中断入口地址是_____，其中断编号是_____。

3. 中断函数和子函数的相同点是（   ）。

A. 调用方式　　　B. 参数传递　　　C. 有返回值　　　D. 命名规则

任务实施

一、硬件电路

补全如图2-24所示电子秒表控制系统硬件电路。

二、软件程序

```
#include<reg51.h>
#define uchar unsigned char
uchar code led[ ]={0xc0,0xf9,0xa4,0xb0,0x99,0x92,0x82,0xf8,0x80,0x90};
uchar i;
/******延时函数******/
void delay()
{略}
/******初始化函数******/
void init()
{
```

项目二 电子时钟控制系统设计

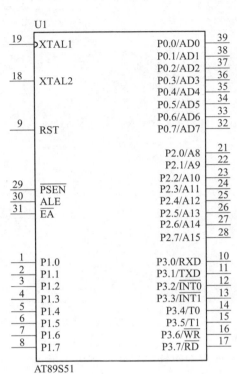
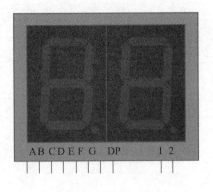

图 2-24 电子秒表控制系统硬件电路

```
_____         //设定 T0 工作方式 1
_____         //装初值
_____         //装初值
_____         //开放中断
_____         //启动定时器
}
/****** 主函数 ****** /
void main()
{
    _____     //调用初始化函数
    while(1)
    {
        _____ //十位控制字送位选端
        _____ //十位字形码送段选端
        _____ //延时 2 ms
        _____ //个位控制字送位选端
        _____ //个位字形码送段选端
        _____ //延时 2 ms
    }
```

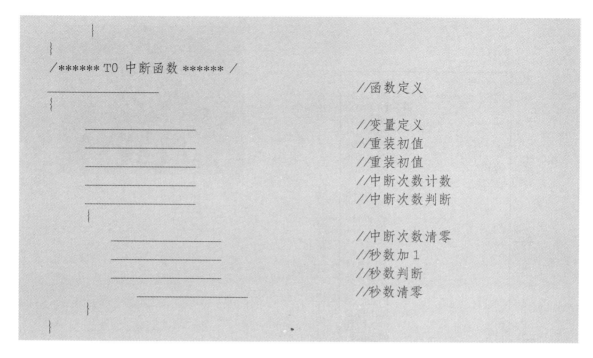

三、系统调试

进行 Proteus 软件和 Keil 软件联调，观察电子秒表工作情况，并回答以下问题。

①程序中延时函数的功能为_____，中断函数的功能为_____。

②中断程序中若去掉重装初值语句，则电子秒表工作情况为_____。

③程序中初始化函数开放中断改为位操作，则程序段为_____。

拓展知识

一、外部中断

外部中断是由外部原因（如外部键盘、开关、打印机）等引起的，可通过外部中断 0 引脚 P3.2 和外部中断 1 引脚 P3.3 将外部中断请求信号输入单片机内。外部中断的触发方式有低电平触发和下降沿触发两种，通常用下降沿触发外部中断。

1. 外部中断标志位和触发方式位

外部中断的标志位和触发方式位在定时器控制寄存器 TCON 中，其格式如图 2-25 所示。

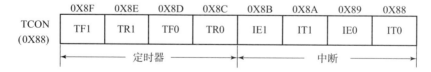

图 2-25 外部中断标志位和触发方式位格式

外部中断 1 请求标志 IE1（TCON.3）：IE1 = 1，外部中断 1 向 CPU 申请中断。

外部中断 1 触发方式控制位 IT1（TCON.2）：当 IT1 = 0 时，外部中断 1 控制为电平触发方式，当引脚 P3.3 为低电平时引起中断；当 IT1 =1 时，外部中断 1 控制为边沿（下降沿）触发方式，当引脚 P3.3 由高变低时引起中断。

外部中断 0 请求标志 IE0（TCON.1）：IE0 =1，外部中断 0 向 CPU 申请中断。

外部中断 0 触发方式控制位 IT0（TCON.0）：当 IT0 =0 时，外部中断 0 控制为电平触发方式，当引脚 P3.2 为低电平时引起中断；当 IT0 =1 时，外部中断 0 控制为边沿（下降沿）触发方式，当引脚 P3.2 由高变低时引起中断。

2. 外部中断允许标志位

外部中断的允许标志位在中断允许控制寄存器 IE 中，其格式如图 2 -26 所示。

	0XAF			0XAC	0XAB	0XAA	0XA9	0XA8
IE 0XA8	EA	—	—	ES	ET1	EX1	ET0	EX0

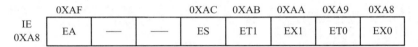

图 2 -26　外部中断允许标志位格式

外部中断 1 允许位 EX1（IE.2）：EX1 =1，允许外部中断 1 中断。

外部中断 0 允许位 EX0（IE.0）：EX0 =1，允许外部中断 0 中断。

假设开放外部 1 中断，触发方式为下降沿触发，则控制程序段如下：

```
IE =0X84;IT1 =1;(或 EA =1;EX1 =1;IT1 =1;)
```

知识检测

1. 外部中断 0 引脚为________________，外部中断 1 引脚为________________。

2. 外部中断的触发方式有________和________两种，通常采用的触发方式是________。

3. 外部中断 0 的标志位为________，外部中断 0 的触发方式位为________，外部中断 0 的中断允许标志位为________。

4. 假设开放外部 0 中断，触发方式为下降沿触发，则控制程序段为______________。

二、中断优先级

AT89S51 单片机有两个中断优先级：高优先级和低优先级。每个中断源都可以通过设置中断优先级寄存器 IP 确定为高优先级或低优先级，实现两级嵌套。同一优先级的中断源需要按照自然优先级进行优先权排队，IP 寄存器的格式如图 2 -27 所示。

				0XBC	0XBB	0XBA	0XB9	0XB8
IP 0XB8	—	—	—	PS	PT1	PX1	PT0	PX0

图 2 -27　IP 寄存器的格式

外部中断 1 中断优先控制位 PX1（IP.2）：PX1 =1，设定外部中断 1 为高优先级中断；PX1 =0，设定外部中断 1 为低优先级中断。

外部中断 0 中断优先控制位 PX0（IP.0）：PX0 =1，设定外部中断 0 为高优先级中断；PX0 =0，设定外部中断 0 为低优先级中断。

定时器 T1 中断优先控制位 PT1（IP.3）：PT1 = 1，设定定时器 T1 为高优先级中断；PT1 = 0，设定定时器 T1 为低优先级中断。

定时器 T0 中断优先控制位 PT0（IP.1）：PT0 = 1，设定定时器 T0 为高优先级中断；PT0 = 0，设定定时器 T0 为低优先级中断。

当系统复位后，IP 低 5 位清零，所有中断均设定为低优先级中断，同一优先级的中断源将通过内部硬件查询逻辑，按自然优先级顺序确定其优先级级别。自然优先级排列如下：外部中断 0→定时器 T0 中断→外部中断 1→定时器 T1 中断→串行口中断。假设设定 T1 优先级高于外部中断 0 优先级，则 IP 控制语句为：字节操作：IP = 0X08；，位操作：PX0 = 0；和 PT1 = 1；。

知识检测

1. 中断优先级为_____级，中断优先级寄存器为_____，T0 优先级寄存器位为_____。
2. 自然优先级顺序为：_____→_____→_____→_____→_____。
3. 设置 IP 参数使得外部中断 1 优先级高于 T0，则位操作语句为_____和_____，字节操作语句为_____。

技能训练

设计电子秒表中断控制系统，按下按键 K1 后电子秒表启动，按下按键 K2 后电子秒表暂停，采用外部中断和定时器中断方式实现。设计要求如下：

① 利用 Proteus 软件设计硬件电路，补全如图 2 - 28 所示参考硬件电路。

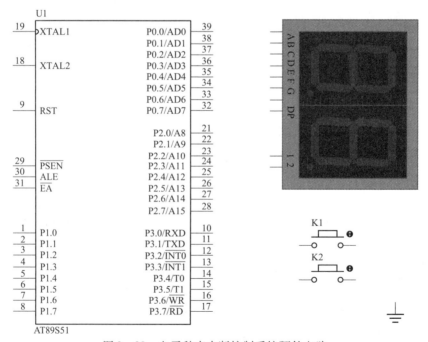

图 2 - 28　电子秒表中断控制系统硬件电路

②利用 Keil 软件设计软件程序，补全下列参考软件程序。
③进行电子秒表中断控制系统软硬件联调，观察电子秒表工作情况。

```c
#include<reg51.h>
#define uchar unsigned char
uchar code led[] = {0xc0,0xf9,0xa4,0xb0,0x99,0x92,0x82,0xf8,0x80,0x90};
uchar w[] = {0x01,0x02};                    //位码数组定义
uchar d[] = {0,0};                          //段码数组定义
uchar t;
/****** 延时函数 ****** /
void delay()
{略}
/****** 初始化函数 ****** /
void init()
{
    _____                          //设定 T0 工作方式 1
    _____                          //装初值
    _____                          //装初值
    _____                          //开放外部和定时中断
    _____                          //设置优先级
    _____                          //外部 0 下降沿触发
    _____                          //外部 1 下降沿触发
}
/****** 主函数 ****** /
void main()
{
    _____                          //变量定义
    _____                          //调用初始化函数
    while(1)
    {
        _____                      //十位段码
        _____                      //个位段码
        _____                      //循环控制
        {
            _____                  //位码控制
            _____                  //段码控制
            _____                  //延时
```

```
                }
            }
        }
/****** 外部0中断函数 ******/
_____                    //函数定义
{
        _____                    //启动定时器
}
/****** 外部1中断函数 ******/
_____                    //函数定义
{
        _____                    //暂停定时器
}
/****** 定时器T0中断函数 ******/
_____                    //函数定义
{
        _____                    //变量定义
        _____                    //重装初值
        _____                    //重装初值
        _____                    //变量加1
        _____                    //变量终值判断
        {
        _____                    //变量清0
        _____                    //时间加1
        _____                    //时间终值判断
        _____                    //时间清0
        }
}
```

设计完成后,回答以下问题:

①电路中,K1 接单片机_____,K2 接单片机_____,二者的触发方式为_____。

②程序中优先级最高的是_____,优先级最低的是_____。

③将数据 n(4 位数)各位分别显示时,十位数据拆分语句为_____,百位数据拆分语句为_____。

思考练习

设计电子秒表双中断控制系统,利用中断方式实现电子秒表的动态扫描和时间控制,设计要求如下：

①利用 Proteus 软件设计硬件电路，补全如图 2-29 所示参考硬件电路。

图 2-29　电子秒表双中断控制系统硬件电路

②利用 Keil 软件设计软件程序，补全下列参考软件程序。
③进行电子秒表双中断控制系统软硬件联调，观察电子秒表工作情况。

```
#include<reg51.h>
#define uchar unsigned char
uchar code led[] = {0xc0,0xf9,0xa4,0xb0,0x99,0x92,0x82,0xf8,0x80,0x90};
_____                           //变量定义
_____                           //位变量定义
/****** 初始化函数 ******/
{
    _____                       //设定 T0、T1 工作方式1
    _____                       //T0 装初值
    _____                       //T0 装初值
    _____                       //T1 装初值
    _____                       //T1 装初值
    _____                       //开放中断
```

```
            _____           //设置优先级
            _____           //启动定时器 T0
            _____           //启动定时器 T1
}
/****** 主函数 ******/
void main()
{
        _____              //调用初始化函数
        while(1)
        {
                _____      //标志位判断
                {
                        _____   //个位控制字送位选端
                        _____   //个位字形码送段选端
                }
                else
                {
                        _____   //十位控制字送位选端
                        _____   //十位字形码送段选端
                }
        }
}
/****** T0 中断函数 ******/
_____                       //函数定义
{
        _____               //T0 重装初值
        _____               //T0 重装初值
        _____               //中断次数计数
        _____               //中断次数判断
        {
                _____       //中断次数清零
                _____       //秒数加 1
                _____       //秒数判断
                _____       //秒数清零
        }
}
```

}
/****** T1 中断函数 ****** /
_____   //函数定义
{
    _____   //T1 重装初值
    _____   //T1 重装初值
    _____   //标志位处理
}

项目三

电动机控制系统设计

在工业控制系统中,通常要控制机械部件的平移和转动,这些机械部件主要采用电动机进行驱动,它是一种把电能转换为机械能的设备。电动机种类很多,常见的有直流电动机、交流电动机、步进电动机和伺服电动机等。电动机控制中,常用按键进行设置,按键根据需要可采用独立按键或矩阵按键。本项目包括按键控制系统设计、直流电动机控制系统设计和步进电动机控制系统设计3个任务。通过以上3个任务,学习如何利用单片机完成电动机控制系统设计。

任务1 按键控制系统设计

知识目标	技能目标	素养目标
1. 会分析独立按键和矩阵按键的工作原理; 2. 会分析按键控制程序设计流程。	1. 会设计独立按键控制硬件电路、软件程序并调试; 2. 会设计矩阵按键控制硬件电路、软件程序并调试。	1. 操作规范,符合5S管理要求; 2. 具备对比分析和解决复杂问题能力。

设计要求:单片机 P1 口连接 8 个独立按键,P2 口连接一个数码管,按下其中任意一个按键后,数码管显示该按键键值,无按键按下时,数码管显示 0。

任务分析:①按键是输入设备,数码管是输出设备,本设计用到的 8 个按键占用 P1 口,1 个数码管占用 P2 口;②按键的处理过程包括按键按下判断、按键消抖处理、按键识别计算和按键释放判断等操作。

项目三 电动机控制系统设计

知识导航

一、按键功能、分类及工作原理

1. 按键的功能

按键有时也称按钮或开关,它是控制系统中常用的外部设备之一,也是最简单的数字量输入设备。常见的按键设备如图 3-1 所示。键盘是由若干个规则排列的按键组成,如手机键盘和计算机键盘等,不同的按键代表着不同的含义(一般来说,按键的含义可通过软件定义)。用户通过按动按键,输入数据或命令,实现简单的人机交互。

图 3-1 常见的按键设备
(a) 轻触开关;(b) 按钮开关;(c) 拨动开关;(d) 拨码开关

2. 按键的分类及工作原理

按照结构原理,按键可分为两类,一类是触点式开关按键,如机械式开关、导电橡胶式开关等;另一类是无触点开关按键,如电气式按键、磁感应按键等。前者造价低,后者寿命长。

按照接口原理,按键可分为编码按键与非编码按键两类。这两类按键的主要区别是识别键符及给出相应键码的方法。编码按键主要是用硬件来实现按键的识别的,硬件结构复杂;非编码按键主要是由软件来实现按键的定义与识别的,硬件结构简单,软件编程量大。独立按键和矩阵按键都是非编码按键。

按照接口形式,按键可分为独立(查询)按键和矩阵按键两类。独立(查询)按键的结构简单,但占用的资源多;矩阵按键的结构相对复杂些,但占用的资源较少。

知识检测

1. 下列选项属于输入设备的是(　　)。
A. 数码管　　　　B. 蜂鸣器　　　　C. 按键　　　　D. LED 灯
2. 按键按照接口形式,可分为_____按键和_____按键两类。

二、按键的工作原理

1. 按键输入原理

单片机常用的按键是轻触开关,它是一种常开型的开关,平时按键的两个触点处于常开状态,按下按键时它们才闭合。检测按键是否按下的过程为按键扫描,按键扫描的方式有查

75

询方式和中断方式两种。

查询方式：每隔一定时间，CPU扫描键盘一次，查询有无按键按下，若有按键按下，则识别按键键值，做相应处理。

中断方式：当按键按下时，就向CPU发送中断请求，CPU响应后，对键盘扫描，再识别键值，做相应处理。

2. 按键消抖原理

机械式按键在按下或释放时，由于机械弹性作用的影响，通常伴随有一定时间的触点机械抖动，然后其触点才稳定下来，抖动时间一般为5~10 ms。在触点抖动期间检测按键的通断状态，可能导致判断出错。为了克服按键触点机械抖动所致的检测误判，必须采取消除抖动措施，可从硬件、软件两方面进行设计。

硬件消抖电路如图3-2所示。它是利用基本RS触发电路实现的，按键输出取基本RS触发器的输出端Q，只有当按键按下时，Q端才能输出稳定的低电平。

软件消抖措施是当检测到有按键按下时，执行一个10 ms左右的延时程序，然后再重新检测该按键是否仍然按下。若仍然保持闭合状态电平，则确认该按键处于闭合状态，从而消除抖动的影响。软件消抖程序流程图如图3-3所示。同理，在检测该按键释放时，也可采用先延时再判断的方法消除抖动的影响。

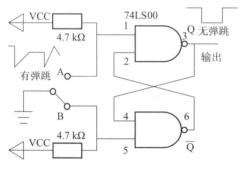 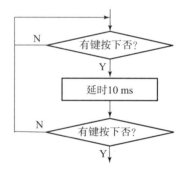

图3-2　硬件消抖电路　　　　　图3-3　软件消抖程序流程图

知识检测

1. 按键按照扫描方式，有_____和_____两种。
2. 按键抖动时间一般为_____ms，硬件消抖措施是利用_____，软件消抖措施是利用_____。
3. 下列选项属于输入设备的是（　　）。
   A. 数码管　　B. 蜂鸣器　　C. 按键　　D. LED灯

三、独立按键控制

1. 独立按键硬件电路

独立按键硬件电路如图3-4所示。按键的一端连接单片机的I/O引脚P1.0~P1.7，另一端接地。每个按键单独占用一根I/O引脚，各个按键的工作不影响其他I/O引脚的状态。

当按键未按下时,由于有上拉电阻,各I/O引脚均为高电平;当某个按键按下时,相应的I/O引脚为低电平。例如,当K1按下时,引脚P1.1为低电平,其他引脚为高电平,即P1 = 0xfd。独立按键硬件电路配置灵活,软件程序设计简单,但每个按键需占用一根I/O引脚,因此,当按键数目较多时,I/O引脚浪费较大,不宜采用。

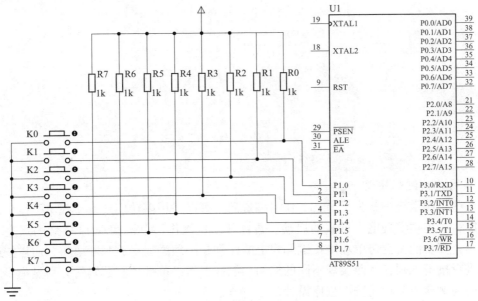

图3-4 独立按键硬件电路

2. 独立按键程序设计

独立按键程序设计一般采用查询方式,其处理过程依次为按键判断、消抖处理、释放判断、按键识别四个过程,具体如下:①通过逐位查询每根I/O引脚的输入状态进行按键判断,如果某根I/O引脚的输入为低电平,则认为可能有按键按下;②进行消抖处理,通常采用软件延时进行处理,延时5~10 ms后再检测此I/O引脚的输入状态是否为低电平,若是,则可确认该I/O引脚对应的按键已按下;③进行释放判断,当检测到该引脚为高电平时,则确定按键释放;④进行按键识别操作,通过编程识别该按键值,再转向该按键的功能处理程序。8个独立按键程序结构如下:

```
P1 = 0xff;                              //锁存器置1
while(1)
{
  if(P1! = 0xff)                        //按键判断
  {
        delay();                        //消抖处理
        if(P1! = 0xff)                  //按键判断
        {
            i = P1;                     //键值存储
            while(P1! = 0xff);          //释放判断
            switch(i)
            {
                case 0xfe:key = 1;break; //按键识别
```

```
            case 0xfd:key=2;break;
            case 0xfb:key=3;break;
            case 0xf7:key=4;break;
            case 0xef:key=5;break;
            case 0xdf:key=6;break;
            case 0xbf:key=7;break;
            case 0x7f:key=8;break;
            default:  key=0;break;
        }
    }
  }
}
```

3. 多功能按键程序设计

在某些控制系统中，为了节省I/O引脚资源，可以采用多功能按键实现单个按键的多种控制功能，如单键实现电子秒表的启动、暂停和复位操作，单键实现LED灯的点亮、闪烁和熄灭等。多功能按键与单功能按键编程上的区别是必须添加释放判断语句，通过按键按下的次数进行按键识别，从而实现不同的控制功能。下面以单键控制数码管分别显示年度、日期和时间为例介绍多功能按键程序设计。

控制要求：当第1次按下按键时数码管显示年度2017，第2次按下时数码管显示日期0414，第3次按下时数码管显示时间1040，第4次按下时和第1次一样，依此类推。

硬件电路：单键控制数码管显示硬件电路如图3-5所示。

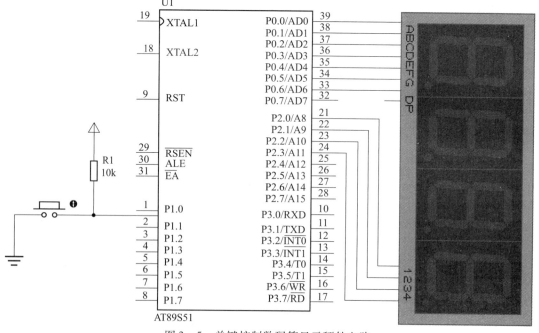

图3-5　单键控制数码管显示硬件电路

软件程序如下：

```c
#include <reg51.h>
#define uchar unsigned char
uchar code led[] = {0xc0,0xf9,0xa4,0xb0,0x99,0x92,0x82,0xf8,0x80,0x90};
uchar duan[4] = {0};                              //数码管段码
uchar code wei[] = {0x01,0x02,0x04,0x08};         //数码管位码
sbit key = P1^0;                                  //按键定义
/****** 延时函数 ****** /
void delay()
{略}
/****** 年度显示函数 ****** /
void key1()
{
    duan[0] = led[2];
    duan[1] = led[0];                             //年度显示
    duan[2] = led[1];
    duan[3] = led[7];
}
/****** 日期显示函数 ****** /
void key2()
{
    duan[0] = led[0];
    duan[1] = led[4];                             //日期显示
    duan[2] = led[1];
    duan[3] = led[4];
}
/****** 时间显示函数 ****** /
void key3()
{
    duan[0] = led[1];
    duan[1] = led[0];                             //时间显示
    duan[2] = led[4];
    duan[3] = led[0];
}
/****** 主函数 ****** /
void main()
{
```

```
            uchar i,j;
            key = 1;                                    //锁存器置1
            duan[0] = led[0];                           //显示初始化
            duan[1] = led[0];
            duan[2] = led[0];
            duan[3] = led[0];
            while(1)
            {
                if(key == 0)                            //按键判断
                {
                    delay();                            //消抖处理
                    if(key == 0)                        //按键判断
                    {
                        i ++;                           //次数递增
                        if(i == 4)                      //终值判断
                        i = 1;                          //次数复位
                        while(key == 0);                //释放判断
                        switch(i)                       //次数识别
                        {
                            case 1:key1();break;        //第1次按下
                            case 2:key2();break;        //第2次按下
                            case 3:key3();break;        //第3次按下
                        }
                    }
                }
                for(j = 0;j < 4;j ++)                   //数码管显示
                {
                    P2 = wei[j];                        //数码管位码
                    P0 = duan[j];                       //数码管段码
                    delay();
                }
            }
```

> [!知识检测]

1. P2 口接 8 个独立按键，当按键未按下时，P2 = _____；当低四位按下时，P2 = _____。

2. 按键处理过程为：_____→_____→_____→_____。

3. 当单片机 P1.0 引脚接按键时，按键判断语句为_____，释放判断语句为_____。

4. 单功能按键与多功能按键的区别是必须添加_____语句，并且通过判断按键按下次数进行_____。

任务实施

一、硬件电路

补全如图 3-6 所示的按键控制系统硬件电路。

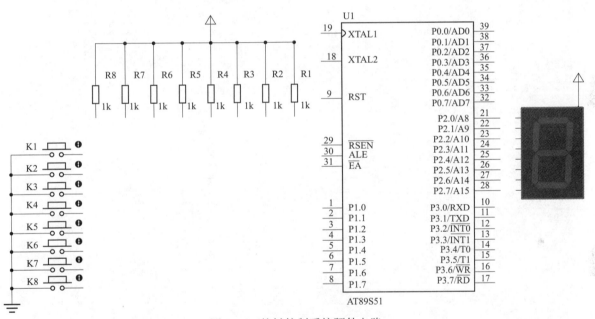

图 3-6 按键控制系统硬件电路

二、软件程序

补全如下按键控制系统软件程序：

```
#include<reg51.h>
#define uchar unsigned char
uchar code led[]={0xc0,0xf9,0xa4,0xb0,0x99,0x92,0x82,0xf8,0x80};
/******延时函数******/
```

```
void delay()
{略}
/****** 主函数 ******/
void main()
{
            _____                    //变量定义
            _____                    //锁存器置1
            _____                    //数码管初值显示
            while(1)
            {
                    _____            //按键判断
                    {
                            _____    //消抖处理
                            _____    //按键判断
                            {
                                    _____   //键值存储
                                    _____   //按键释放
                                    switch(i)        //按键识别
                                    {
                                            _____   //按键1 识别
                                            _____   //按键2 识别
                                            _____   //按键3 识别
                                            _____   //按键4 识别
                                            _____   //按键5 识别
                                            _____   //按键6 识别
                                            _____   //按键7 识别
                                            _____   //按键8 识别
                                            _____   //无按键操作
                                    }
                                    _____           //键值显示
                            }
                    }
            }
}
```

三、系统调试

进行 Proteus 软件和 Keil 软件联调，按下按键观察数码管显示情况，并回答以下问题。

①若将软件程序中的释放判断语句去掉，则按键控制数码管显示结果_____；若将释

放判断语句的分号去掉,则按键控制数码管显示结果_____。

②若将软件程序中的键值存储语句去掉,则按键识别语句应改为_____,此时按键释放语句应为_____。

③若将硬件电路改为多功能按键控制,则需要的按键数是_____,此时控制系统的功能为_____,按键复位值为_____。

拓展知识

一、矩阵按键硬件结构

单片机控制系统中若使用按键较多,通常采用矩阵按键。矩阵按键硬件电路如图3-7所示,由图可知,4×4矩阵按键由4根行线和4根列线组成,按键位于行、列线的交叉点上,行线和列线分别连接到按键的两端,构成一个由16个按键组成的矩阵按键。其中,行线占用低4位,列线占用高4位,共占用8个I/O引脚。

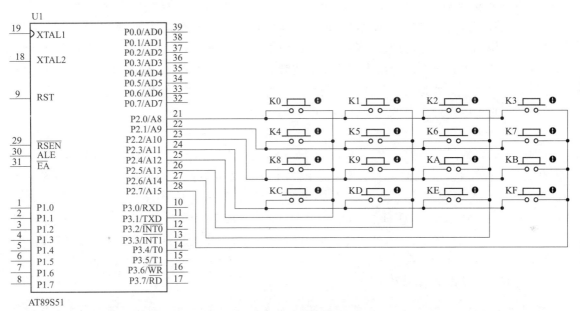

图3-7 矩阵按键硬件电路

> **知识检测**
>
> 1. 某控制系统中需要6个按键,若采用独立按键,则需要的I/O引脚数为_____;若采用矩阵按键,则需要的引脚数为_____。
>
> 2. 矩阵按键硬件电路由_____和_____组成,通常单片机I/O引脚的低4位接_____,高4位接_____。

二、矩阵按键程序设计

矩阵按键程序设计的处理过程与独立按键的类似，包括按键判断、消抖处理、释放判断、按键识别四个过程。其中消抖处理和释放判断与独立按键的一样，按键判断和按键识别因与独立按键结构的不同，所以处理方法也不同。

1. 矩阵按键判断

矩阵按键判断可采用按行扫描和按列扫描两种方式，下面以图 3-6 所示的矩阵键盘按列扫描方式为例介绍按键判断过程。首先将所有的列线变为低电平，即用语句 P2 = 0x0f 将列线 P2.4~P2.7 变为低电平，然后读取行线状态，即用语句 if((P2&0x0f)! =0x0f) 进行读取判断。如果有按键按下，那么读取的行电平不全为高，即低 4 位 P2.0~P2.3 不全为高电平；如果无按键按下，则读取的行电平全为高，即低 4 位 P2.0~P2.3 全为高电平。例如，第 2 行与第 2 列交叉点的按键 K5 被按下，则第 2 行与第 2 列导通，第 2 行电平被拉低，读取的行信号就为低电平。

2. 矩阵按键识别

确定矩阵按键有按键按下后再进行矩阵按键识别，矩阵按键识别通常有查表法和计算法两种方法。识别时，通过向列线上逐列送出低电平，首先送第 1 列为低电平，其他列为高电平，读取行的电平状态来确定第 1 列的 4 个按键的情况，若读取的行电平全为高，则表示无按键按下；再送第 2 列为低电平，其他列为高电平，判断有无按键按下；依次轮流给各列送出低电平，直至第 4 列送出低电平，再从第 1 列开始。

（1）查表法

对键盘的列线进行扫描，P2.4~P2.7 循环输出 0111、1011、1101 和 1110，依次读取 P2 口状态，若低 4 位全为高电平，则断定该列上无按键按下；否则该列上有按键按下，并且按键位于行线和列线交叉点上，由此得到按键表格分别是 0xee、0xde、0xbe、0x7e、0xed、0xdd、0xbd、0x7d、0xeb、0xdb、0xbb、0x7b、0xe7、0xd7、0xb7、0x77。根据数据序号可知其按键值，例如，P2.4~P2.7 输出 0111 时，P2 口的低四位读入的值为 0111，不全为高电平，就可以断定有键按下，此时读取 P2 口的值为 0x7e，为按键表格中的第 3 个数据，由此可知，其按键值为 3。

```
uchar scan()
{
    uchar scode,kcode,i,j;                  //变量定义
    P2 = 0x0f;                              //低 4 位置 1
    scode = 0xef;                           //扫描初值
    for(j = 0;j < 4;j ++)                   //循环扫描
    {
        P2 = scode;                         //依次扫描各列
        if((P2&0x0f)! = 0x0f)               //按键判断
        {
            kcode = P2;                     //键值存储
```

```
            for(i = 0;i < 16;i ++)              //数值循环
                if(kcode == key[i])              //键值查询
                    return i;                    //键值返回
        }
            else
                scode = (scode << 1) +1;          //扫描下一列
    }
    return 16;                                   //无按键返回
}
```

(2) 计算法

对键盘的列线进行扫描，P2.4～P2.7 循环输出 0111、1011、1101 和 1110，依次读取 P2 口状态，若低 4 位全为高电平，则断定该列上无按键按下；否则该列上有按键按下，并且按键位于行线和列线交叉点上，利用公式 $n*4+m$ 计算得到按键的键值（其中 n 为行号、m 为列号）。例如，P2.4～P2.7 输出 1011 时，P2 口的低四位读入的值为 1101，不全为高电平，就可以断定有键按下，并且是第 1 列、第 2 行交叉点的按键，于是该键的键值 $=2\times4+1=9$。

```
uchar scan()
{
    uchar i,t,m,n,tmp;                           //变量定义
    bit flag;                                    //标志位定义
    t = 0xef;                                    //扫描初值
    for(i = 0;i < 4;i ++)                        //循环扫描
    {
        P2 = t;                                  //依次扫描各列
        tmp = P2&0x0f;                           //键值存储
        switch(tmp)                              //键值计算
        {
            case 0x0e:n = 0;m = i;flag = 1;break; //行列确定
            case 0x0d:n = 1;m = i;flag = 1;break;
            case 0x0b:n = 2;m = i;flag = 1;break;
            case 0x07:n = 3;m = i;flag = 1;break;
            default:flag = 0;break;
        }
        if(flag ==1)                             //停止扫描
            break;
        else
            t = (t << 1) +1;                     //扫描下一列
```

```
    }
    if(flag ==0)
        return 16;                    //无键返回
    else
        return(n*4 +m);               //键值计算
}
```

知识检测

1. 矩阵按键判断方式包括_____扫描和_____扫描两种，矩阵按键识别包括_____法和_____法两种。
2. 若单片机 P2 口读取的值为 0xdd，由查表法可知该按键值是_____，由计算法计算按键值公式为_____。
3. 矩阵按键与独立按键程序设计的不同之处包括（   ）。
   A. 按键判断   B. 消抖处理   C. 释放判断   D. 按键识别

技能训练

设计矩阵按键控制系统，实现 4×4 矩阵键盘数码管显示，16 个键分别对应数字 0~9、字母 A~F，当某个按键按下时，数码管显示其按键值；无按键按下时，数码管不显示，设计要求如下：

①利用 Proteus 软件设计硬件电路，补全如图 3-8 所示参考硬件电路。

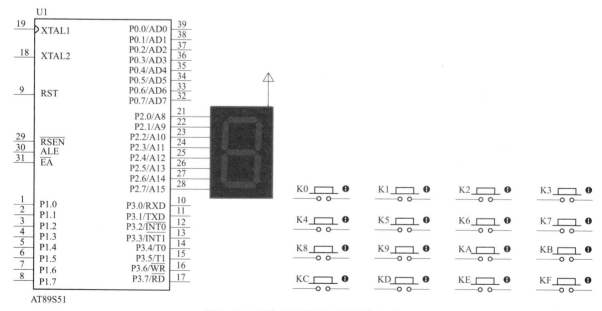

图 3-8 矩阵按键控制系统硬件电路

②利用 Keil 软件设计软件程序，按键识别采用计算法，补全下列参考软件程序。
③进行矩阵键盘控制系统软硬件联调，观察按键按下后数码管显示情况。

```
#include <reg51.h>
#define uchar unsigned char
/****** 数码管字形码表 ****** /
uchar code led[] = {0xc0,0xf9,0xa4,0xb0,0x99,0x92,0x82,
0xf8,0x80,0x90,0x88,0x83,0xc6,0xa1,0x86,0x8e,0xff};
/****** 延时函数 ****** /
void delay()
{略}
/****** 按键扫描函数 ****** /
_____                          //函数定义
{
    _____                      //变量定义
    _____                      //标志位定义
    _____                      //扫描初值
    _____                      //循环扫描
    {
        _____                  //依次扫描各列
        _____                  //键值存储
        _____                  //键值计算
    }
    _____                      //行列确定
    _____
    _____
    _____
    _____
    _____                      //停止扫描
    _____
    _____                      //扫描下一列
    {
        _____                  //标志位判断
        _____                  //无键返回
        _____                  //键值计算
    }
}
```

```
        }
/****** 主函数 ****** /
void main()
{
        _____                          //变量定义
        while(1)
        {
                _____                  //锁存器置1
                _____                  //按键判断
                {
                        _____          //延时消抖
                        _____          //按键判断
                        _____          //调用按键扫描函数

                        _____          //数码管显示
                }
        }
}
```

设计完成后回答以下问题:

①电路中矩阵按键的行线接单片机_____,列线接单片机_____。

②电路中若按键 KA 按下,则 P3 口值为_____,若按键键值纵向累加,即第 1 列为 0~3,其他依此类推,则执行时,数码管显示正确的按键键值有_____。

③程序中计算法的公式为_____,若 P3 口值为 0xbd,则对应的按键公式及结果为_____。

④程序中没有加释放判断语句的原因是_____,若加上,则语句为_____。

思考练习

设计抢答器控制系统,设计要求如下:

①系统上电后数码管显示 0,当主持人第一次按下功能键后,各组开始抢答,数码管显示抢答组的编号,当某组抢答成功后,其他组抢答无效,当主持人再次按下功能键后,数码管显示 0。

②补全抢答器控制系统如图 3-9 所示的硬件电路。

③补全抢答器控制系统如下软件程序。

```
#include <reg52.h>
#define uchar unsigned char
/****** 数码管字形码表 ****** /
uchar code led[ ] = {0xc0,0xf9,0xa4,0xb0,0x99};
```

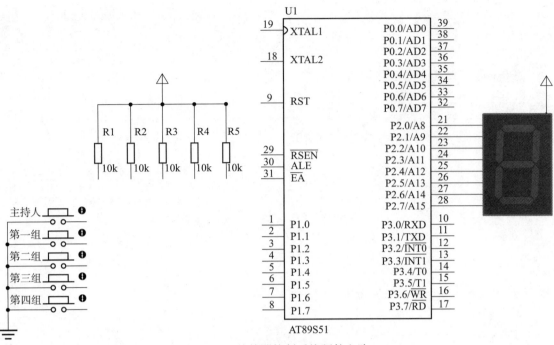

图 3-9 抢答器控制系统硬件电路

```
/****** 延时函数 ****** /             //标志位定义
void delay()
{略}
/****** 主持人按键函数 ****** /
                                      //函数定义
{
    _____                    //标志位处理
    _____                    //标志位判断
    {
        _____                //数码管显示
                                      //标志位处理
    }
}
/****** 第一组按键函数 ****** /
_____                        //函数定义
{
    _____                    //标志位判断
    {
                                      //数码管显示
```

                    _____   //标志位处理
            }
    }
    /****** 第二组按键函数 ****** /
    _____   //函数定义
    {
            _____   //标志位判断
            {
                    _____   //数码管显示
                                                                        //标志位处理
            }
    }
    /****** 第三组按键函数 ****** /
    _____   //函数定义
    {
            _____   //标志位判断
            {
                    _____   //数码管显示
                                                                        //标志位处理
            }
    }
    /****** 第四组按键函数 ****** /
    _____   //函数定义
    {
            _____   //标志位判断
            {
                    _____   //数码管显示
                                                                        //标志位处理
            }
    }
    /****** 主函数 ****** /
    void main()
    {
            _____   //锁存器置1
            _____   //数码管显示
            while(1)
            {
                    _____   //按键判断

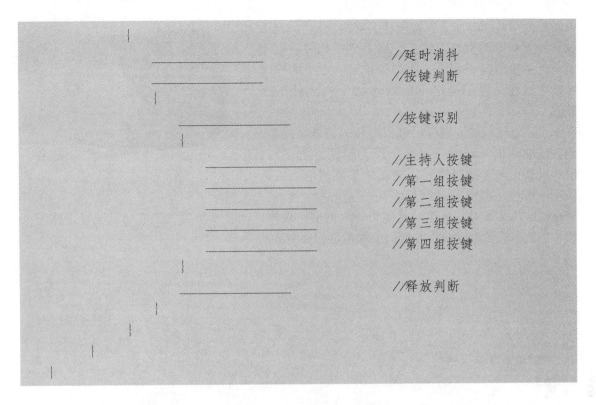

任务2　直流电动机控制系统设计

知识目标	技能目标	素养目标
1. 会分析直流电动机速度及转向控制原理； 2. 会分析 H 桥驱动电路和 L298N 芯片工作原理。	1. 会设计与调试直流电动机转向控制软硬件； 2. 会设计与调试直流电动机速度控制软硬件。	1. 操作规范，符合 5S 管理要求； 2. 具备独立思考、自主学习能力。

设计要求：按下正转按键后，直流电动机正向（顺时针）运转；按下反转按键后，直流电动机反向（逆时针）运转；按下停止按键后，直流电动机停止。

任务分析：①直流电动机转向控制系统硬件电路需要 3 个按键，分别实现直流电动机的正转、反转和停止控制；②直流电动机的转向控制可通过改变其电流方向实现，直流电动机的驱动可采用 H 桥驱动电路控制。

知识导航

一、直流电动机转向控制原理

常用的直流电动机如图 3-10 所示，由于其具有优良的调速性能而被广泛应用。在直流电动机的两电刷端加上直流电压，将电能输入电枢，机械能就从电动机轴上输出，拖动生产机械。直流电动机主要由定子和转子两部分组成。定子的作用是产生磁场，转子在定子磁场作用下得到转矩而旋转。

图 3-10　直流电动机

直流电动机的转向可由电枢电压的极性来控制，当直流电动机一端接高电平、另一端接低电平时，电动机就正向（顺时针）运转；如果直流电动机两端交换极性，则电动机就反方向（逆时针）运转；当电枢电压为零时，电动机就停止。根据这一规律，就可以控制直流电动机进行正反转工作。因此，直流电动机很方便用单片机进行控制。

知识检测

1. 直流电动机主要由_____和_____两部分组成，其中用于产生磁场的是_____。

2. 直流电动机的转向与电枢电压的_____有关，当电枢电压为_____时，电动机停止。

二、H 桥驱动电路

直流电动机的驱动主要完成方向控制及 I/O 端口的驱动。由于单片机的 I/O 口驱动能力有限，所以往往不能提供足够大的功率去驱动电动机，必须外加驱动电路，常用的驱动电路有 H 桥驱动电路，H 桥驱动电路组成结构如图 3-11 所示。H 桥驱动电路由 4 个 PNP（或 NPN）三极管构成，形状类似于大写字母 H。要使直流电动机运转，必须使对角线上的一对三极管导通，根据不同三极管的导通情况，直流电动机两端电枢的极性会发生变化，从而改变直流电动机转向。

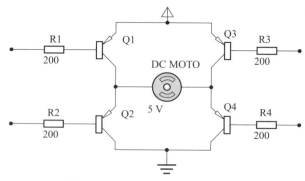

图 3-11　H 桥驱动电路组成结构

H 桥驱动电路工作原理如图 3-12 所示。当图中 Q1 和 Q4 导通时（图 3-12（a）），电流就从电源正极经 Q1 从左向右流过直流电动机，然后再经 Q4 回到地线，该流向的电流将驱动直流电动机顺时针转动；当 Q2 和 Q3 导通时（图 3-12（b）），电流将驱动直流电动机逆时针转动；当 4 个三极管都不导通时（图 3-12（c）），直流电动机停止；当 Q2 和 Q4 导通时（图 3-12（d）），直流电动机迅速制动。

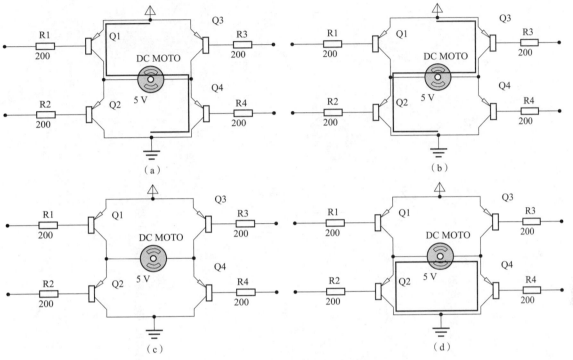

图 3-12　H 桥驱动电路工作原理
（a）正转；（b）反转；（c）停止；（d）制动

> **知识检测**
>
> 1. H 桥驱动电路的核心是由四个_____组成，必须使位于_____的一组器件导通才能使直流电动机工作。
> 2. 直流电动机工作时有_____、_____、_____和_____4 种状态。
> 3. 如图 3-12 所示电路图，当三极管 Q1 和 Q4 导通时，直流电动机_____；当三极管 Q2 和 Q4 导通时，直流电动机_____。

任务实施

一、硬件电路

补全如图 3-13 所示直流电动机方向控制系统硬件电路。

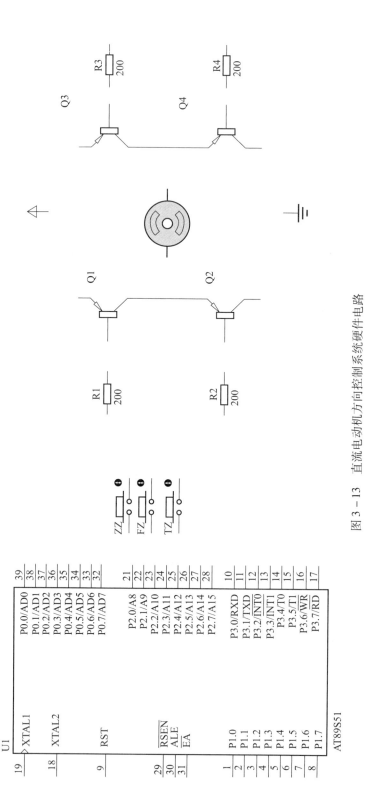

图 3-13 直流电动机方向控制系统硬件电路

二、软件程序

补全如下直流电动机方向控制系统软件程序：

```
#include <reg51.h>
#define uchar unsigned char
/****** 延时函数 ******/
void delay()
{略}
/****** 主函数 ******/
void main()
{
    _____          //变量定义
    _____          //锁存器置1
    _____          //电动机停止
    while(1)
    {
        _____      //按键判断
        {
            _____  //延时消抖
            _____  //按键判断
            {
                _____  //键值存储
                _____  //分支选择
                {
                    _____  //正转控制
                    _____  //反转控制
                    _____  //停止控制
                }
            }
        }
    }
}
```

三、系统调试

进行 Proteus 软件和 Keil 软件联调，按下按键观察直流电动机工作情况，并回答以下问题。

①硬件电路图中，三极管的类型为_____，如果采用另一种类型的三极管，单片机引脚为_____时，三极管导通。

②如果键值存储语句为 key = P2;，则按下正转按键后，直流电动机的工作状态为_____。若要直流电动机正转工作，还需将正转控制语句中 case 后的数值改为_____。

③如果将直流电动机停止控制语句中 P3 后的数值改为 0x00，则直流电动机的工作状态为_____。若使直流电动机制动，则需将此数值改为_____。

拓展知识

一、直流电动机速度控制原理

直流电动机速度控制最简便的方法是对电枢电压进行控制。控制电枢电压的方法有多种，最常用的方法是脉冲宽度调制（PWM）技术，所谓 PWM 控制技术，就是利用半导体器件的导通与关断，把直流电压变成电压脉冲序列，通过控制电压脉冲宽度或周期以达到变压的目的。PWM 技术可输出周期一定的方波信号，输出脉冲的占空比（高电平与低电平的比值）越大，其高电平持续的时间越长。单片机的 PWM 控制技术可以用内置的 PWM 模块实现，也可以用软件编程模拟实现。软件编程模拟是利用单片机的 I/O 引脚，通过程序控制该引脚连续输出高、低电平，从而实现 PWM 控制。只要按一定规律改变通、断电的时间，即可实现电动机的速度控制。例如，假设方波周期为 T，高电平时间为 T_1，则低电平时间为 $T_2 = T - T_1$，在周期不变的情况下，只要改变 T_1 和 T_2 的值，就可达到脉宽调制的目的。该方法优点是简单实用，缺点是占用 CPU 大量时间。

知识检测

1. 直流电动机速度控制是对_____电压进行控制，常用的方法是_____技术。
2. 直流电动机的转速与方波的周期_____，与方波的占空比_____。
3. 已知某方波的周期为 100 ms，其高电平时间为 60 ms，其低电平时间为_____，其占空比为_____。

二、驱动芯片 L298N

L298N 是 ST 公司生产的一种高耐压、大电流电动机驱动芯片，该芯片采用 15 脚封装，内含两个 H 桥，其主要特点是：工作电压高，输出电流大，可以用来驱动直流电动机、步进电动机、继电器等负载，采用标准逻辑电平信号控制，具有两个使能控制端，低电平时禁止工作。使用 L298N 芯片可以驱动两个直流电动机，也可驱动一个四相步进电动机，其引脚图如图 3-14 所示：

L298N 的引脚功能见表 3-1。

L298N 内置两个 H 桥，由 OUTPUT1 和 OUTPUT2 或 OUTPUT3 和 OUTPUT4 之间接直流电动机，INPUT1、INPUT2 和 INPUT3、INPUT4 连接控制电平，控制电动机的正反转，ENABLE A 和 ENABLE B 为控制使能端，控制直流电动机的停止。L298N 的逻辑功能见表 3-2。

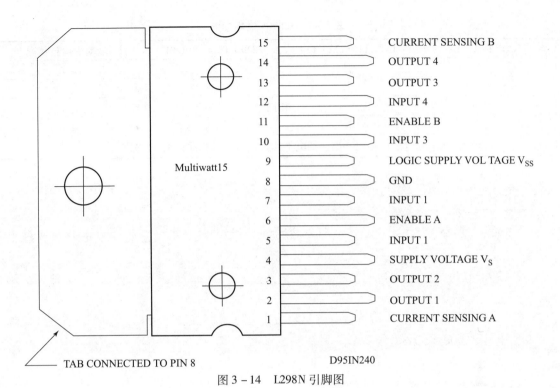

图 3-14 L298N 引脚图

表 3-1 L298N 引脚功能

引脚	符号	功能
1	CURRENT SENSING A	H 桥电流反馈引脚，不用时可以直接接地
15	CURRENT SENSING B	
2	OUTPUT1	全桥式驱动器 A 的输出端，用来连接负载
3	OUTPUT2	
4	SUPPLY VOLTAGE VS	电动机驱动电源输入端
5	INTPUT1	输入标准 TTL 电平信号，控制全桥式驱动器 A 的开关
7	INTPUT2	
6	ENABLE A	使能控制端，输入标准 TTL 电平信号，低电平时禁止工作
11	ENABLE B	
8	GND	接地端，芯片本身的散热片与 8 脚相通
9	LOGIC SUPPLY VOLTAGE VSS	逻辑控制部分的电源输入端口
10	INTPUT3	输入标准 TTL 电平信号，控制全桥式驱动器 B 的开关
12	INTPUT4	
13	OUTPUT3	全桥式驱动器 B 的输出端，用来连接负载
14	OUTPUT4	

表 3-2　L298N 逻辑功能

ENABLE A（B）	INPUT1（INPUT3）	INPUT2（INPUT4）	电动机运行情况
H	H	L	正转
H	L	H	反转
H	相同		制动
L	X	X	停止

备注：H—高电平；L—低电平；相同—高或低电平均可，但二者相同；X—任意电平。

知识检测

1. 单个 L298N 可以驱动_____个直流电动机，可以驱动_____个四相步进电动机。

2. L298N 的输入端是_____，输出端是_____，使能端是_____。

3. L298N 的输入端电平相同，当使能端为高电平时，直流电动机_____；当使能端为低电平时，直流电动机_____。

技能训练

设计直流电动机调速控制系统，利用驱动芯片 L298N 进行直流电动机速度控制，直流电动机的速度共 9 级，上电后直流电动机运行速度为 5 级（周期为 100 ms，高电平 50 ms），每按下一次加速按键，直流电动机速度增加一级（高电平增加 10 ms），每按下一次减速按键，直流电动机速度减少一级（高电平减少 10 ms），设计要求如下：

①利用 Proteus 软件设计硬件电路，补全如图 3-15 所示参考硬件电路。

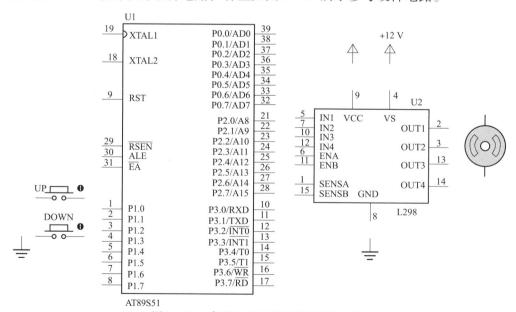

图 3-15　直流电动机调速控制硬件电路

②利用 Keil 软件设计软件程序，补全下列参考软件程序。
③进行直流电动机调速控制系统软硬件联调，观察按键按下后直流电动机转速情况。

```
#include<reg51.h>
#define uchar unsigned char
_____              //加速位变量定义
_____              //减速位变量定义
_____              //IN1 端位变量定义
_____              //IN2 端位变量定义
_____              //高低电平变量初始化
_____              //计数、时间变量初始化
/****** 延时函数 ****** /
void delay()
{略}
/****** 主函数 ****** /
void main()
{
    _____          //定时器工作方式设置
    _____          //定时器装初值
    _____
    _____          //开放定时器中断
    _____          //启动定时器
    while(1)
    {
        _____      //IN1 端赋值
        _____      //加速按键判断
        {
            _____  //延时消抖处理
            _____  //加速按键再次判断
            {
                _____  //高电平时间增加
                _____  //高电平时间终值判断
                _____  //高电平时间值锁定
                _____  //低电平时间值计算
                _____  //按键释放判断
            }
        }
        _____      //减速按键判断
        {
```

```
                _____           //延时消抖处理
                _____           //减速按键再次判断
                {
                    _____       //高电平时间减少
                    _____       //高电平时间终值判断
                           _____ //高电平时间值锁定
                    _____       //低电平时间值计算
                                            //按键释放判断
                    _____
                }
            }
        }

    /****** 定时中断函数 ******/
    _____                        //定时中断函数定义
    {
        _____                    //重装计数初值

        _____                    //计数值增加
        _____                    //计数值判断
        {
            _____                //计数值清零
            _____                //IN2 电平转换
            _____                //电平状态判断
                    _____        //赋值高电平时间
                                            //否则
                    _____        //赋值低电平时间
        }
    }
```

设计完成后，回答以下问题：

①电路中驱动芯片 L298 的使能控制端是_____，输入端是_____，输出端是_____。

②电路中若采用驱动芯片 L298 中全桥式驱动器 B，则其对应的输入端是_____，输出端是_____。

③程序中 IN1 赋值语句中，若赋值高电平，则上电后直流电动机_____；若赋值低电平，则上电后直流电动机_____。

④程序中中断函数内的计数值判断功能是_____，电平状态判断的功能是_____。

 思考练习

设计直流电动机综合控制系统，设计要求如下：

①利用芯片 L298N 驱动直流电动机工作，实现直流电动机的方向和调速控制。按下正转按键后，直流电动机正向运转，按下反转按键后，直流电动机反向运转。上电后，直流电动机按最低速运行（占空比 1 : 4），按下加速按键后，直流电动机加速运行，按下减速按键后，直流电动机减速运行。方波周期为 100 ms，调速一次，高电平时间改变 20 ms。

②补全直流电动机综合控制系统如图 3 - 16 所示的硬件电路。

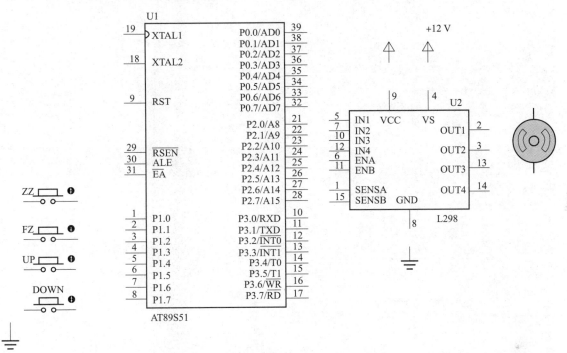

图 3 - 16　直流电动机综合控制硬件电路图

③补全直流电动机综合控制系统如下软件程序。

```
#include <reg51.h>
#define uchar unsigned char
_____                    //正转位变量定义
_____                    //反转位变量定义
_____                    //加速位变量定义
_____                    //减速位变量定义
_____                    //IN1 端位变量定义
_____                    //IN2 端位变量定义
_____                    //高低电平变量初始化
_____                    //计数、时间变量初始化
_____                    //标志位变量定义
```

```
/****** 延时函数 ****** /
void delay()
{略}
/****** 初始化函数 ****** /
_____                         //初始化函数定义
{
    _____                     //定时器工作方式设置
    _____                     //定时器装初值

    _____                     //开放定时器中断
    _____                     //启动定时器
    _____                     //P1 口锁存器置1
    _____                     //P2 口锁存器置1
}
/****** 按键函数 ****** /
_____                         //按键函数定义
{
    _____                     //正转按键判断
    {
        _____                 //延时消抖处理
        _____                 //正转按键再次判断
            _____             //转向标志位清 0
    }
    _____                     //反转按键判断
    {
        _____                 //延时消抖处理
        _____                 //反转按键再次判断
            _____             //转向标志位置1
    }
    _____                     //加速按键判断
    {
        _____                 //延时消抖处理
        _____                 //加速按键再次判断
        {
            _____             //高电平时间增加
            _____             //高电平时间终值判断
            _____             //高电平时间值锁定
            _____             //低电平时间值计算
```

```
            _____         //按键释放判断
         }
      }
         _____            //减速按键判断
      {
            _____         //延时消抖处理
            _____         //减速按键再次判断
         {
            _____         //高电平时间减少
            _____         //高电平时间终值判断
               _____      //高电平时间值锁定
            _____         //低电平时间值计算
            _____         //按键释放判断
         }
      }
}
/****** 主函数 ****** /
void main()
{
      _____               //调用初始化函数
      while(1)
      {
            _____         //调用按键函数
      }
}
/****** 定时中断函数 ****** /
_____                     //定时中断函数定义
{
      _____               //重装计数初值

      _____               //计数值增加
      _____               //计数值判断
      {
            _____         //计数值清零
            _____         //电平标志位取反
            _____         //电平标志位判断
            _____         //赋值高电平时间
            _____         //否则
```

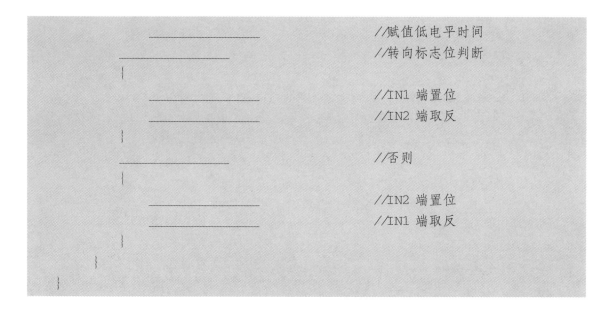

任务3 步进电动机控制系统设计

知识目标	技能目标	素养目标
1. 会分析步进电动机速度及转向控制原理； 2. 会分析驱动芯片 L298N 和 ULN2003A 工作原理。	1. 会设计与调试步进电动机转向控制软硬件； 2. 会设计与调试步进电动机速度控制软硬件。	1. 操作规范，符合 5S 管理要求； 2. 具备对比分析、总结归纳能力。

设计要求：按下正转按键后，步进电动机正向（顺时针）运转；按下反转按键后，步进电动机反向（逆时针）运转；按下停止按键后，步进电动机停止。

任务分析：①步进电动机转向控制系统硬件电路需要3个按键，分别实现步进电动机的正转、反转和停止控制；②步进电动机的转向控制可通过改变其励磁顺序实现，步进电动机的驱动可采用驱动芯片 L298N 控制。

知识导航

一、步进电动机基础知识

步进电动机是一种利用电脉冲信号进行控制，并将电脉冲信号转换成相应的角位移或线位移的控制电动机，即给一个电脉冲，步进电动机就转动一定角度或前进一步。步进电动机如图 3-17 所示，其最大特点是步进电动机的角位移或线位移量与电脉冲个数成正比，转速或线速度与脉冲数成正比。因此，步进电动机最适合数字控制，是工业过程控制与仪表中常用的控制元件。步进电动机可以直接接收数字信号，不必进行模/数转换，广泛应用于数控机床、家用电器和精密仪器中。

步进电动机主要由转子（转子铁芯、永磁体、转轴、滚动轴承）和定子（绕组、定子铁芯）组成。步进电动机的相数是指其内部的线圈组数；拍数是指完成一个磁场周期性变化所需的脉冲数，或指步进电动机转过一个齿距角所需脉冲数；步进角是指步进电动机驱动器接收到一个驱动脉冲后转子转过的角度。步进电动机按输出转矩，可分为快速步进电动机和功率步进电动机；按励磁相数，可分为单相、四相、六相等；按工作原理，可分为磁电式、反应式和混合式。

图 3-17 步进电动机

> **知识检测**
>
> 1. 步进电动机是将_____信号转换为_____或_____电动机。
> 2. 步进电动机按工作原理，可分为_____、_____和_____。
> 3. 下列选项与步进电动机的角位移成正比的是（　　）。
>   A. 电压值　　B. 拍数　　C. 脉冲数　　D. 相数

二、步进电动机转向控制原理

为了控制步进电动机的转动，使其实现数字到角度的转换，可以顺序给电动机绕组施加有序的脉冲电流。直流电流通过定子线圈建立磁场方式，称为励磁。如果要控制步进电动机进行正确的定位和控制，必须按照一定的顺序对各相线圈进行励磁。四相式步进电动机线圈的励磁方式可分为单相励磁、双相励磁和单-双相励磁方式三种。单相励磁表示每种状态只有一相绕组励磁，双相励磁表示每种状态都有两相绕组励磁，单-双相励磁表示每种状态一相励磁和双相励磁交替进行。

四相步进电动机有四相绕组，分别为 A、B、C、D 四相绕组，如图 3-18 所示。四相步进电动机各相循环励磁，只要改变励磁顺序，就可以改变步进电动机转动方向。

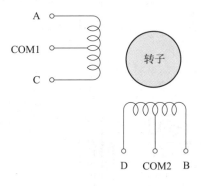

图 3-18 步进电动机四相绕组

步进电动机单相四拍（单四拍）励磁输入脉冲顺序如下：

正转：A→B→C→D→A

反转：D→C→B→A→D

步进电动机双相四拍（双四拍）励磁输入脉冲顺序如下：

正转：AB→BC→CD→DA→AB

反转：DA→CD→BC→AB→DA

步进电动机单相－双相八拍励磁输入脉冲顺序如下：

正转：A→AB→B→BC→C→CD→D→DA→A

反转：A→DA→D→CD→C→BC→B→AB→A

八拍比四拍方式运行平稳，但八拍驱动脉冲的频率需要提高一倍，双相方式的每一拍都有两相通电，每一相通电时间都持续两拍，因此，双相比单相消耗的功率大，当然，获得的电磁转矩也大。

> **知识检测**
>
> 1. 四相式步进电动机线圈的励磁方式可分为_____、_____和_____。
> 2. 步进电动机双四拍反转的励磁输入脉冲顺序为_____。
> 3. 四拍和八拍中，运行平稳的是_____；单相和双相中，电磁转矩大的是_____。

任务实施

一、硬件电路

补全如图 3－19 所示步进电动机方向控制系统硬件电路。

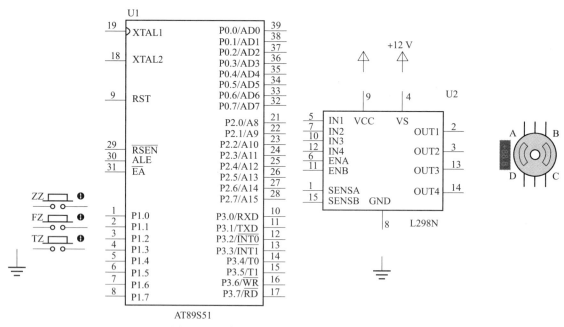

图 3－19　步进电动机转向控制硬件电路图

二、软件程序

补全如下步进电动机方向控制系统软件程序：

```
#include<reg51.h>
#define uchar unsigned char
_____    //两相四拍控制数组
_____                    //正转位变量定义
_____                    //反转位变量定义
_____                    //停止位变量定义
_____                    //变量定义及初始化
/****** 延时函数 ****** /
void delay()
{略}
/****** 初始化函数 ****** /
{
        _____            //设置定时器工作方式
        _____            //定时器装初值(1 ms)
        _____            //允许定时器中断
        _____            //启动定时器
        _____            //锁存器置1
        _____            //步进电动机停止
}
/****** 按键控制函数 ****** /
_____
{
        _____            //按键控制函数定义
        _____            //正转按键判断
        {
                _____    //延时消抖
                _____    //正转按键再次判断
                                  //转向标志赋值
        }
        _____            //反转按键判断
        {
                _____    //延时消抖
                _____    //反转按键再次判断
                                  //转向标志赋值
        }
        _____            //停止按键判断
        {
                _____    //延时消抖
```

```
                _____              //停止按键再次判断
                    _____          //转向标志赋值
            }
}
/****** 主函数 ****** /
void main()
{
        _____                      //调用初始化函数
        while(1)
        {
                _____              //调用按键控制函数
        }
}
/****** 中断处理函数 ****** /
_____                              //中断函数定义
{
        _____                      //定时器重装初值(1 ms)
        _____
        _____                      //中断次数加1
                                             //中断次数判断
        {
                _____              //中断次数清0
                                             //转向标志判断
                {
                        _____      //步进电动机正转
                        _____      //数组角标加1
                        _____      //数组角标终值判断
                        _____      //数组角标重新赋值
                }
                                             //转向标志判断
                {
                        _____      //步进电动机反转
                        _____      //数组角标减1
                        _____      //数组角标终值判断
                        _____      //数组角标重新赋值
                }
        }
```

```
                 _____                  //转向标志判断
                 _____                  //步进电动机停止

          }
    }
```

三、系统调试

进行 Proteus 软件和 Keil 软件联调，按下按键观察步进电动机工作情况，并回答以下问题。

①硬件电路图中，若步进电动机的公共端不接线，则其工作情况为_____；若将步进电动机中的 C 和 D 的接线调换，则其工作情况为_____。

②如果步进电动机改为单相励磁顺序控制，则数组中的值分别为_____；若将数组值改为 0x03、0x06、0x09、0x0c，则步进电动机工作情况为_____。

③步进电动机的转动速度与脉冲_____有关，步进电动机的转动方向与脉冲_____有关。

拓展知识

一、步进电动机速度控制原理

步进电动机的速度取决于脉冲频率、转子齿数和拍数，其角速度与频率成正比，并且在时间上与脉冲同步，因而在转子齿数和拍数一定的情况下，只要控制脉冲频率，即可获得所需速度。步进电动机的速度控制实质上是控制输入脉冲的频率，脉冲频率加大，步进电动机速度提高；脉冲频率减小，步进电动机速度降低。

步进电动机的负载转矩与速度成反比，速度越快，负载转矩越小，当速度快至其极限时，步进电动机即不再运转，所以步进电动机每工作一步后，程序必须延时一段时间。每输入一个脉冲信号，步进电动机只工作一步，假设步进电动机旋转一圈需 120 个脉冲，则每一步旋转 3°。

知识检测

1. 步进电动机的速度与_____、_____和_____有关。
2. 步进电动机的速度与脉冲频率成_____，步进电动机的速度与负载转矩成_____。
3. 每输入一个脉冲信号步进电动机工作，假设步进电动机旋转一圈需要 180 个脉冲，则每一步旋转_____。

二、驱动芯片 ULN2003A

步进电动机的驱动除了采用芯片 L298N 外，还可采用 ULN2003A，它包含 7 个高电压、大电流的达林顿晶体管对。ULN2003A引脚如图 3-20 所示，1B~7B 为输入端、1C~7C 为输出端、E 接地、COM 端接电源或悬空。

ULN2003A 具有以下特点：电流增益高（大于 1 000 mA）、带负载能力强（输出电流大于 500 mA）、温度范围宽（-40°~85°）、工作电压高（50 V）。

由于 ULN2003A 的输入与 TTL 电平兼容，所以，一般能直接连接到驱动组件或是负载上。例如，继电器、DC 电动机或 LED 显示器等。对于每一个驱动器来说，都包含了一个二极管，其阳极连接到输入端，而阴极连接到 7 个二极管的公共点上。外部的负载连接到电源和驱动器的输出端之间，该电源为小于+50 V 的正电压。

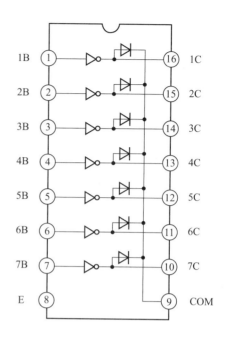

图 3-20　ULN2003A 引脚图

> **知识检测**
>
> 1. 步进电动机常用的驱动芯片有＿＿＿＿＿＿和＿＿＿＿＿＿两个。
> 2. 芯片 ULN2003A 的输入端是＿＿＿＿，输出端是＿＿＿＿。

技能训练

设计步进电动机调速控制系统，利用驱动芯片 ULN2003A 进行步进电动机速度控制。步进电动机的速度共 9 级，上电后，步进电动机运行速度为 5 级（脉冲周期为 200 ms），每按下一次加速按键，步进电动机速度增加一级（周期减少 20 ms），每按下一次减速按键，步进电动机速度减少一级（周期增加 20 ms）。设计要求如下：

①利用 Proteus 软件设计硬件电路，补全如图 3-21 所示参考硬件电路。
②利用 Keil 软件设计软件程序，补全下列参考软件程序。
③进行步进电动机调速控制系统软硬件联调，观察按键按下后步进电动机转速情况。

```
#include<reg51.h>
#define uchar unsigned char
#define uint unsigned int
_____     //两相四拍控制数组
_____     //加速位变量定义
_____     //减速位变量定义
```

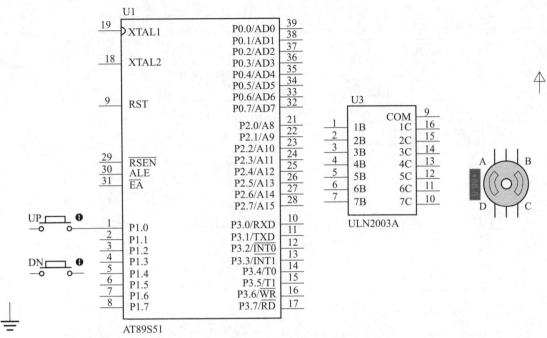

图 3-21 步进电动机调速控制硬件电路图

```
_____                    //数组角标变量定义
_____                    //脉冲值、计数值初始化
/****** 延时函数 ****** /
void delay()
{略}
/****** 初始化函数 ****** /
{
    _____              //设置定时器工作方式
    _____              //定时器装初值(1 ms)
    _____
    _____              //允许定时器中断
    _____              //启动定时器
    _____              //锁存器置1
    _____              //步进电动机停止
}
/****** 按键控制函数 ****** /
_____                    //按键控制函数定义
{
    _____              //加速按键判断
    {
```

```
            _____        //延时消抖
                                    //加速按键再次判断
            {
                    _____    //计数值清0
                    _____    //脉冲值改变
                    _____    //脉冲值判断
                        _____//脉冲值重新赋值
                    _____    //按键释放判断
            }
        }

        _____            //减速按键判断
        {
            _____        //延时消抖
                                    //减速按键再次判断
            {
                    _____    //计数值清0
                    _____    //脉冲值改变
                    _____    //脉冲值判断
                        _____//脉冲值重新赋值
                    _____    //按键释放判断
            }
        }
}

/****** 主函数 ****** /
void main()
{
        _____            //调用初始化函数
        while(1)
        {
                _____    //调用按键控制函数
        }
}

/****** 中断处理函数 ****** /
_____                    //中断函数定义
{
        _____            //定时器重装初值(1 ms)

        _____            //计数值加1
```

```
                _____                //计数值判断
           {
                _____                //计数值清0
                _____                //步进电动机赋值
                _____                //数组角标加1
                _____                //数组角标判断
                _____                //数组角标清0
           }
}
```

设计完成后，回答以下问题：

①电路中驱动芯片 ULN2003A 中输入和输出引脚共有_____对，一个芯片可以驱动_____个步进电动机。

②电路中若将 ULN2003A 中的 2B～5B 作为输入引脚，2C～5C 作为输出引脚，则数组值依次为_____。

③程序中脉冲值和计数值的数据类型为_____，原因是二者的数值超出_____。

④程序中步进电动机工作速度最快时的频率值为_____，速度最慢时的频率值是_____。

思考练习

设计步进电动机综合控制系统，设计要求如下：

①利用芯片 ULN2003A 驱动步进电动机工作，实现步进电动机的正反转和调速控制。按下正转按键后，步进电动机正向运转；按下反转按键后，步进电动机反向运转。上电后，步进电动机按最低速运行（周期值为 300 ms）；按下加速按键后，步进电动机加速运行；按下减速按键后，步进电动机减速运行，调速一次周期值改变 20 ms。

②补全步进电动机综合控制系统如图 3-22 所示的硬件电路。

③补全步进电动机综合控制系统如下软件程序。

```
#include <reg51.h>
#define uchar unsigned char
#define uint unsigned int
_____                                //两相四拍控制数组
_____                                //正转位变量定义
_____                                //反转位变量定义
_____                                //加速位变量定义
_____                                //减速位变量定义
_____                                //方向标志位定义
_____                                //数组角标变量定义
```

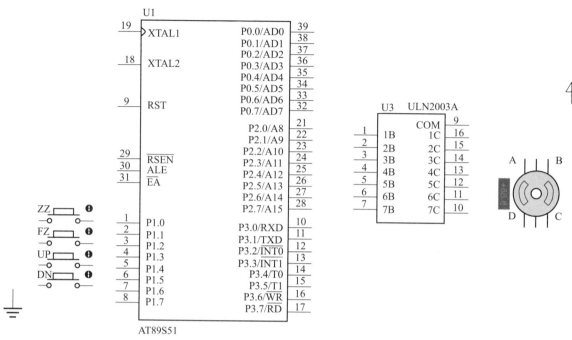

图 3-22 步进电动机综合控制硬件电路图

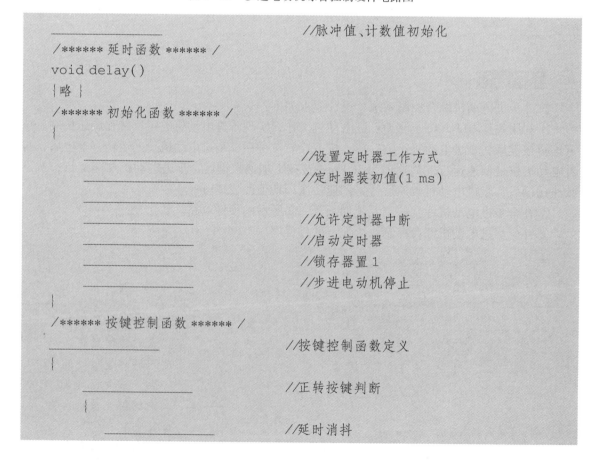

```
            _____           //正转按键再次判断
                {
                        _____     //转向标志位赋值
                        _____     //数组角标赋值
                }
        }
        _____           //反转按键判断
        {
                _____           //延时消抖
                _____           //反转按键再次判断
                {
                        _____     //转向标志赋值
                        _____     //数组角标赋值
                }
        }
        _____           //加速按键判断
        {
                _____           //延时消抖
                _____           //加速按键再次判断
                {
                        _____     //计数值清0
                        _____     //脉冲值改变
                        _____     //脉冲值判断
                                _____ //脉冲值重新赋值
                        _____     //按键释放判断
                }
        }
        _____           //减速按键判断
        {
                _____           //延时消抖
                _____           //减速按键再次判断
                {
                        _____     //计数值清0
                        _____     //脉冲值改变
                        _____     //脉冲值判断
                                _____ //脉冲值重新赋值
                        _____     //按键释放判断
                }
```

```
        }
}
/****** 主函数 ******/
void main()
{
        _____          //调用初始化函数
        while(1)
        {
                _____  //调用按键控制函数
        }
}
/****** 中断处理函数 ******/
_____                  //中断函数定义
{
        _____          //定时器重装初值(1 ms)

        _____          //计数值加1
        _____          //计数值判断

        _____          //计数值清0
        _____          //方向标志位判断
        {
                _____  //步进电动机赋值
                _____  //数组角标加1
                _____  //数组角标判断
                _____  //数组角标清0
        }
        _____          //方向标志位判断
        {
                _____  //步进电动机赋值
                _____  //数组角标减1
                _____  //数组角标判断
                _____  //数组角标赋值
        }
}
```

项目四 通信控制系统设计

通信是一种信息交换,单片机工作过程中需要使用串口进行外部通信,包括单片机与外部设备及单片机与 PC 机之间的通信。本项目介绍利用单片机实现通信控制系统的设计与调试,内容包括单片机串行扩展控制系统设计、单片机双机通信控制系统设计、单片机与 PC 机通信控制系统设计 3 个任务。通过以上 3 个任务的学习,熟悉单片机串行扩展和通信控制系统原理,掌握单片机串行通信控制系统的应用。

任务 1 单片机串行扩展控制系统设计

知识目标	技能目标	素养目标
1. 会分析串行通信工作原理、分类及特点; 2. 会分析单片机串行通信接口结构和工作方式。	1. 会应用串入并出控制芯片 74LS164 进行串行扩展; 2. 会应用并入串出控制芯片 74LS165 进行串行扩展。	1. 操作规范,符合 5S 管理要求; 2. 具备对比分析,总结归纳能力。

设计要求:利用单片机串行接口读入外部 8 位开关的状态,并用 8 位发光二极管表示开关闭合的状态。

任务分析:①CPU 与外部设备的通信方式有并行通信和串行通信两种,可采用串并转换芯片进行串行扩展控制;②单片机有一个全双工串行口,其由数据缓冲寄存器 SBUF 和串行口控制寄存器 SCON 组成,具有 4 种工作方式。

知识导航

一、串行通信基础

1. 串行通信与并行通信

在计算机系统中，CPU 和外部设备有两种通信方式，即并行通信和串行通信。并行通信是指数据的各位同时传送；串行通信是指数据逐位顺序传送。两种通信方式的示意图如图 4-1 所示。

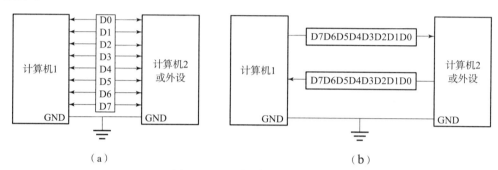

图 4-1 两种通信方式示意图
(a) 并行通信；(b) 串行通信

主机与存储器、主机与键盘、显示器之间的通信为并行通信，其特点是通信速度快、传输线多，适合于近距离的数据通信，但硬件接线成本高；主机与鼠标、打印机之间通常为串行通信，其特点是速度慢，但硬件成本低，传输线少，适合于长距离数据传输。

2. 串行通信的分类

按照串行数据的时钟控制方式，串行通信可分为异步通信和同步通信两类。

（1）异步通信

在异步通信中，数据通常是以字符为单位组成字符帧传送的。字符帧由发送端一帧一帧地发送，每一帧数据是低位在前，高位在后，通过传输线被接收端一帧一帧地接收。发送端和接收端可以由各自独立的时钟来控制数据的发送和接收，这两个时钟彼此独立，互不同步。在异步通信中，接收端是依靠字符帧格式来判断发送端是何时开始发送、何时结束发送的。字符帧格式是异步通信的一个重要指标。字符帧也叫数据帧，由空闲位、起始位、数据位、奇偶校验位和停止位五部分组成，如图 4-2 所示。

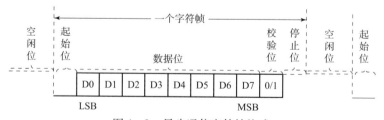

图 4-2 异步通信字符帧格式

①空闲位：数据线上无数据传输时数据线的状态，高电平，其长度无限制。

②起始位：指示一个字符帧的开始，低电平，占 1 位，用于接收端/发送端开始发送一帧字符信息。

③数据位：紧跟在起始位之后的数据信息，低位在前，高位在后，用户可以自己定义数据位的长度。

④校验位：表示串行通信中的校验信息，位于数据位之后，占1位，可以是奇偶校验，也可无校验位。

⑤停止位：表征字符帧结束，高电平，通常为1位或2位。

异步通信的另一个重要指标为波特率。波特率为每秒钟传送二进制数码的位数，也叫比特数，单位为b/s（位/秒）。波特率用于表征数据传输的速度，波特率越高，数据传输速度越快。通常，异步通信的波特率为50~9 600 b/s。如每秒钟传送240个字符，而每个字符格式包含10位（1个起始位、1个停止位、8个数据位），这时的波特率为：

$$10 位 \times 240 个/s = 2\ 400\ b/s$$

（2）同步通信

同步通信是一种连续串行传送数据的通信方式，一次通信只传输一帧信息。这里的信息帧和异步通信的字符帧不同，通常有若干个数据字符，但它们均由同步字符、数据字符和校验字符 CRC 三部分组成。在同步通信中，同步字符可以采用统一的标准格式，也可以由用户约定。

在串行通信中数据是在两个站之间进行传送的。按照数据传送方向，串行通信可分为单工、半双工和全双工3种，其工作示意图如图4-3所示。

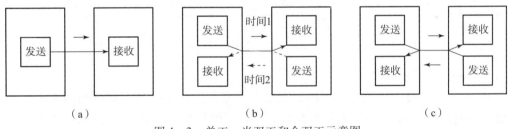

图4-3　单工、半双工和全双工示意图
(a) 单工；(b) 半双工；(c) 全双工

①单工：通信线的一端是发送器，一端是接收器，数据只能按照一个固定的方向传送。

②半双工：系统的每个通信设备都有一个发送器和一个接收器，但同一时刻只能由一个站发送，一个站接收，两个方向上的数据不能同时进行。

③全双工：全双工通信系统的每端都有发送器和接收器，可同时发送和接收，即数据可以在两个方向上同时传送。

> **知识检测**

1. 通信基本方式有_____和_____两种；串行通信中，按发送字符及时钟，可分为_____和_____，按数据传输方向，可分为_____、_____和_____3种。

2. 异步串行通信包含的数据位有_____、_____、_____、_____和_____5种。

3. 串行通信的速率用_____表示，其单位是_____。若每分钟传送1 800个字符（8位数据），则其传输速率为_____。

二、单片机串行口结构

AT89S51系列单片机片内有一个可编程的全双工串行口,串行发送时,数据由单片机的TXD(P3.1)引脚送出,接收时,数据由RXD(P3.0)引脚输入。单片机串行口结构如图4-4所示,其主要由两个数据缓冲器SBUF和一个串行口控制寄存器SCON组成。

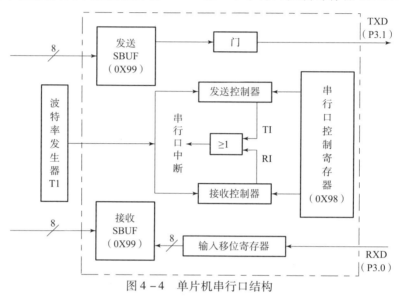

图4-4 单片机串行口结构

(1) 数据缓冲器SBUF

SBUF是两个在物理上独立的接收、发送寄存器,一个用于存放接收到的数据,另一个用于存放待发送的数据,可同时发送和接收数据。两个缓冲器共用一个地址0X99,通过对SBUF的读、写语句来区别是对接收缓冲器还是发送缓冲器进行操作。CPU在写SBUF时,操作的是发送缓冲器;读SBUF时,操作的是接收缓冲器。

```
SBUF = m;           //发送数据m
m = SBUF;           //接收数据存入m
```

(2) 串行口控制寄存器SCON

串行口控制寄存器SCON用来控制串行口的工作方式和状态,可以进行位寻址,字节地址为0X98,单片机复位时,所有位全为0,其格式如图4-5所示。

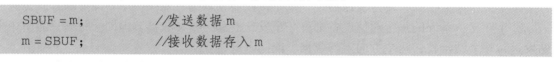

图4-5 SCON格式

SM0、SM1:串行方式选择位,2位编码对应4种工作方式,见表4-1。

SM2:多机通信控制位,用于方式2和方式3中。

REN:允许串行接收位,由软件置位或清零。REN=1时,允许接收;REN=0时,禁止接收。

表 4–1 串行口工作方式

SM0	SM1	工作方式	功能	波特率
0	0	方式 0	8 位同步移位寄存器	$f_{osc}/12$
0	1	方式 1	10 位 UART	可变
1	0	方式 2	11 位 UART	$f_{osc}/32$ 或 $f_{osc}/64$
1	1	方式 3	11 位 UART	可变

TB8：发送数据的第 9 位。在方式 2 和方式 3 中，由软件置位或复位。一般可做奇偶校验位。在多机通信中，可作为区别地址帧或数据帧的标识位，一般约定地址帧时，TB8 为 1；数据帧时，TB8 为 0。

RB8：接收数据的第 9 位，功能同 TB8。

TI：发送中断标志位。在方式 0 中，发送完 8 位数据后，由硬件置位；在其他方式中，在发送停止位之初，由硬件置位。因此，TI = 1 是发送完一帧数据的标志，其状态既可供软件查询使用，也可请求中断，TI 位必须由软件清 0。

RI：接收中断标志位。在方式 0 中，接收完 8 位数据后，由硬件置位；在其他方式中，当接收到停止位时，该位由硬件置位。因此，RI = 1 是接收完一帧数据的标志，其状态既可供软件查询使用，也可请求中断。RI 位也必须由软件清 0。

知识检测

1. AT89S51 单片机串行口主要由＿＿＿＿和＿＿＿＿组成。
2. 写表达式：单片机发送数据 d：＿＿＿＿，单片机接收数据存入 d：＿＿＿＿。
3. 串行口工作方式寄存器是＿＿＿＿，工作方式选择位为＿＿＿＿，REN 位的功能是＿＿＿＿。

三、串行口扩展控制

1. 串行口工作方式 0

在工作方式 0 时，串行口作同步移位寄存器使用，主要用于扩展并行输入或输出口。数据由 RXD（P3.0）引脚输入或输出，同步移位脉冲由 TXD（P3.1）引脚输出。发送和接收均为 8 位数据，低位在前，高位在后，波特率固定为 $f_{osc}/12$。

当方式 0 用于串行口扩展输入功能时，在满足 REN = 1 和 RI = 0 的条件下，串行口即开始从 RXD 引脚以 $f_{osc}/12$ 的波特率输入数据（低位在前），接收完 8 位数据后，置中断标志 RI 为 1，请求中断。再次接收数据之前，必须由软件将 RI 清 0。

2. 扩展芯片 74LS165

扩展芯片 74LS165 用于扩展 I/O 口输入，它是一个 8 位并行输入、串行输出移位寄存器。RXD 为串行输入引脚，与 74LS165 的串行输出端相连；TXD 为移位脉冲输出端，与 74LS165 芯片移位脉冲输入端相连。74LS165 引脚图如图 4-6 所示。

$\overline{SH/LD}$(1)：移位与装载端，高电平时移位，低电平时装载；

CLK(2)：时钟输入端，上升沿有效；

INH(15)：时钟禁止端，高电平有效；

D0~D7(A~H)(11~14、3~6)：并行输入端；

SI(SER)(10)：串行输入端，扩展多个 74LS165 首位连接端；

SO(QH)(9)：串行输出端；

$\overline{QH}$(7)：串行输出互补端。

74LS165 功能表见表 4-2。

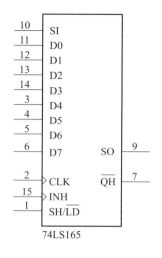

图 4-6 74LS165 引脚图

表 4-2 74LS165 功能表

输入					内部输出		串行输出
移位/装载	时钟禁止	时钟	串行输入	并行输入	QA	QB	QH
$\overline{SH/LD}$	INH	CLK	SER	A…H			
L	×	×	×	a…h	a	b	h
H	L	L	×	×	QA0	QB0	QH0
H	L	↑	H	×	H	QA0	QG0
H	L	↑	L	×	L	QA0	QG0
H	H	×	×	×	QA0	QB0	QH0

说明：(1) H—高电平，L—低电平，×—不定；↑—上升沿；(2) a…h—并行输入端 A…H 的电平；QA0…QH0—建立稳态输入条件前 QA…QH 的电平；(3) QA0…QH0 中用 ↑ 表示的为最近转换发生之前 QA…QH 的电平。

74LS165 时序图如图 4-7 所示，其工作原理如下：

当移位/装载端（$\overline{SH/LD}$）为低电平时，时钟端（CLK）、时钟禁止端（INH）及串行输入端（SI）均无效，并行输入数据 A~H（A 为低位、H 为高位，即 11010101）被装入寄存器；当移位/装载端（$\overline{SH/LD}$）为高电平、时钟禁止端（INH）为高电平时，并行输入数据被禁止；当时钟禁止端（INH）为低电平时，在每个时钟端（CLK）的上升沿（↑）依次输出 8 位数据，且先输出高位（H），再输出低位（A）。

> 知识检测

1. 串行口工作方式 0 的功能是_____，若晶振为 12 MHz，则其波特率为_____。

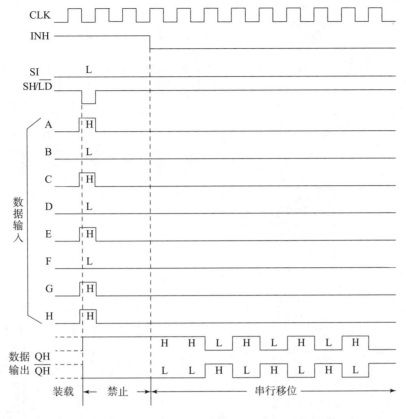

图 4-7　74LS165 时序图

2. 串行口工作方式 0 时的数据端为_____，脉冲端为_____。

3. 74LS165 中，SH/$\overline{\text{LD}}$ 端的功能是_____，CLK 端的功能是_____，SO 端的功能是_____。

4. 74LS165 中，SH/$\overline{\text{LD}}$ 端移位时的信号是_____，CLK 端的有效信号是_____，时钟禁止端 INH 的有效信号是_____。

任务实施

一、硬件电路

补全如图 4-8 所示的单片机串行扩展控制系统硬件电路。

二、软件程序

补全如下单片机串行扩展控制系统软件程序：

```
#include<reg51.h>
#define uchar unsigned char
```

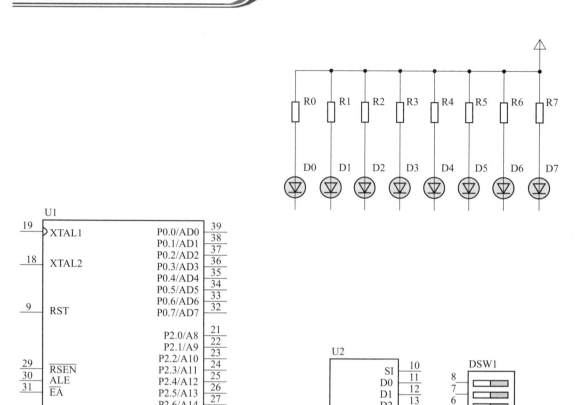

图4-8 单片机串行扩展控制硬件电路

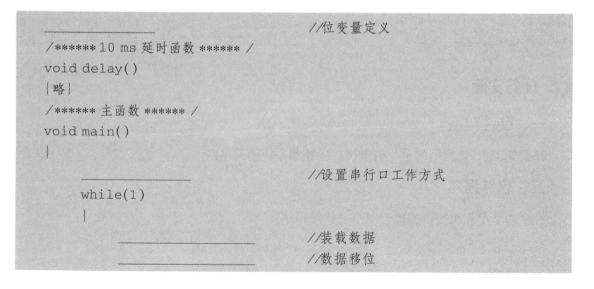

```
                                              //等待接收完成
   _____                   //清除接收标志
   _____                   //数据接收
   _____                   //调用延时函数
       }
   }
```

三、系统调试

进行 Proteus 软件和 Keil 软件联调,观察闭合开关后发光二极管的工作情况,并回答以下问题。

①硬件电路中,若开关 DSW1 中的 1 对应 74LS165 中的并行数据 D7,则其闭合时,点亮的发光二极管是_____,若对应的是并行数据 D0,则其闭合时,点亮的发光二极管是_____。

②硬件电路中,若 74LS165 中的时钟禁止端 INH 接电源,则 DSW1 中 1 闭合后发光二极管的工作情况是_____,若 QH 接单片机 RXD 引脚,则 DSW1 中 1 闭合后,发光二极管的工作情况是_____。

③程序中若先进行移位数据再进行数据装载,则 DSW1 开关闭合后,发光二极管的工作情况为_____。

④程序中若去掉清除接收标志语句,则 DSW1 开关中 1 闭合后,发光二极管的工作情况为_____;若去掉调用延时函数语句,则 DSW1 开关闭合后,发光二极管的工作情况为_____。

拓展知识

一、扩展芯片 74LS164

当方式 0 用来进行串行口扩展输出功能时,数据写入发送缓冲器 SBUF,串行口将 8 位数据以 $f_{osc}/12$ 的波特率从 RXD 引脚输出(低位在前)。发送完后,置中断标志 TI 为 1,请求中断。再次发送数据之前,必须由软件将 TI 清 0。

芯片 74LS164 用于扩展 I/O 口输出,它是一个 8 位并行输出、串行输入移位寄存器。单片机 RXD 为串行输出引脚,与 74LS164 的串行输入端相连;单片机 TXD 为移位脉冲输出端,与 74LS164 芯片移位脉冲输入端相连。74LS164 引脚图如图 4-9 所示。

A、B(1、2):串行输入端;
QA ~ QH(3~6、10~13):并行输出端;
C1/->(CLK)(8):时钟脉冲端;

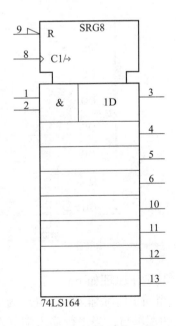

图 4-9 74LS164 引脚图

R(9)：同步清除输入端。

数据通过两个输入端（A 或 B）之一串行输入，任一输入端可用作高电平使能端，控制另一输入端的数据输入。两个输入端或者连接在一起，或者把不用的输入端接高电平，一定不要悬空。74LS164 功能表见表 4 – 3。

表 4 – 3 74LS164 功能表

输入				输出			
R	CLK	A	B	QA	QB	…	QH
L	×	×	×	L	L	…	L
H	L	×	×	QA0	QB0	…	QH0
H	↑	H	H	H	QAn	…	QGn
H	↑	L	×	L	QAn	…	QGn
H	↑	×	L	L	QAn	…	QGn

说明：(1) H—高电平；L—低电平；×—不定；↑—上升沿；(2) QA0 ~ QH0—规定的稳态条件建立前的电平；(3) QAn ~ QGn—时钟最近上升沿的电平。

74LS164 时序图如图 4 – 10 所示。

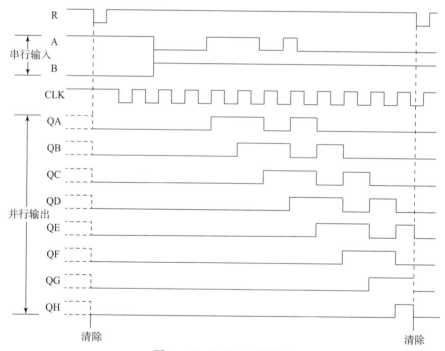

图 4 – 10 74LS164 时序图

其工作原理如下：

当同步清除输入端（R）为低电平时，输出均为低电平；QA 是两个串行输入端（A 和 B）的逻辑与，当串行输入端（A、B）有一个为低电平时，在时钟脉冲端（CLK）上升沿作用下，输出 QA 为低电平，当串行输入端（A、B）均为高电平时，输出 QA 为高电平；

时钟脉冲端（CLK）上升沿时，QB～QH 中的数据右移一位。

> **知识检测**
>
> 1. 单片机扩展控制时常用的并入串出扩展芯片是_____，常用的串入并出扩展芯片是_____。
> 2. 扩展芯片 74LS164 的串行输入端是_____，并行输出端是_____。
> 3. 扩展芯片 74LS164 中同步清除输入端的有效信号是_____，时钟脉冲端的有效信号是_____。

二、蝶式交换法

8 位数据串行输入时，低位先输入，然后高位再输入，例如 8 位数据 0x55（01010101），先输入最低位 1，然后再输入次低位 0，依此类推，最后输入最高位 0，由此得到的并行输出数据为 0xaa。结果与原来的数据发生了高低位位置交换，即最低位变为最高位，最高位变为最低位。为了保证 8 位串行输入数据结果不改变，需要采用蝶式交换法进行数位修正。

蝶式交换法工作过程示意图如图 4-11 所示。

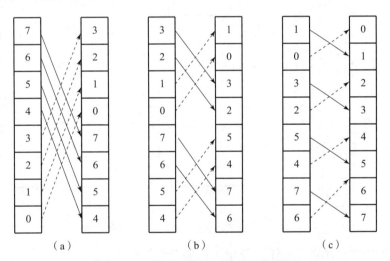

图 4-11 蝶式交换法工作过程示意图
(a) 第一步；(b) 第二步；(c) 第三步

其原理如下：

设 8 位数据 n 的原始位为 76543210，第一步实现高低 4 位数据交换，即利用表达式 n = (n<<4)|(n>>4) 操作完成，交换后的数据位序为 32107654，如图 4-11（a）所示；第二步实现高低 4 位中各自高 2 位和低 2 位数据交换，即利用表达式 n = ((n<<2)&0xcc)|((n>>2)&0x33) 操作完成，交换后的数据位序为 10325476，如图 4-11（b）所示；第三步实现每 2 位中各自高低位数据交换，即利用表达式 n = ((n<<1)&0xaa)|((n>>1)&0x55) 操作完成，交换后的数据位序为 01234567。由此完成了 8 位数据各位的逆序转换，如图 4-11（c）所示。

知识检测

1. 8位数据串行输入时，先输入的是_____，后输入的是_____。数据10010101串行输入后的并行输出结果为_____。

2. 蝶式交换法中运用的位运算包括_____、_____和_____。

3. 8位数据11001010进行蝶式交换法时，首先得到的数据是_____，其次得到的数据是_____，最后得到的数据是_____。

技能训练

设计单片机串入并出控制系统，利用单片机串行口控制8个发光二极管从低位向高位循环点亮，时间间隔为1 s。设计要求如下：

①利用 Proteus 软件设计硬件电路，补全如图4-12所示参考硬件电路。

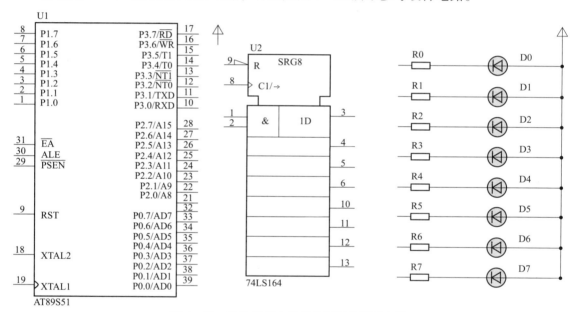

图4-12 单片机串入并出控制系统硬件电路

②利用 Keil 软件设计软件程序，补全下列参考软件程序。

③进行单片机串入并出控制系统软硬件联调，观察发光二极管工作情况。

```
#include<reg51.h>
#define uchar unsigned char
/******1 s 延时函数******/
void delay()
{略}
/******数据转换函数******/
_____                        //函数定义
{
```

```
            _____            //高低 4 位交换
            _____            //高低 4 位中各自高低 2 位交换
            _____            //每两位中各自高低位交换
            _____            //数据返回
}
/****** 主函数 ****** /
void main()
{
        _____                //变量定义
        _____                //设置串行口工作方式
        while(1)
        {
                _____        //变量赋初值
                _____        //循环控制
                {
                        _____    //调用数据转换函数
                        _____    //发送数据
                        _____    //查询发送标志
                        _____    //清除发送标志
                        _____    //调用延时函数
                        _____    //数据移位
                }
        }
}
```

设计完成后回答以下问题：

①若将电路中芯片 74LS164 的 R 端接地，则发光二极管的工作情况为_____。

②电路中单片机的 TXD 引脚的功能为_____，RXD 引脚的功能为_____。

③程序中若去掉数据转换函数，则发光二极管的工作情况为_____
_____。

④程序中若不使用数据转换函数而通过改变函数初值和移位方向，则数据初值为
_____，数据移位语句为_____。

思考练习

设计单片机并入串出级联控制系统，设计要求如下：

①利用单片机串行口读入外部 16 位开关的状态，并用 16 位发光二极管表示开关闭合的状态。

②补全单片机并入串出控制系统如图 4-13 所示的硬件电路。

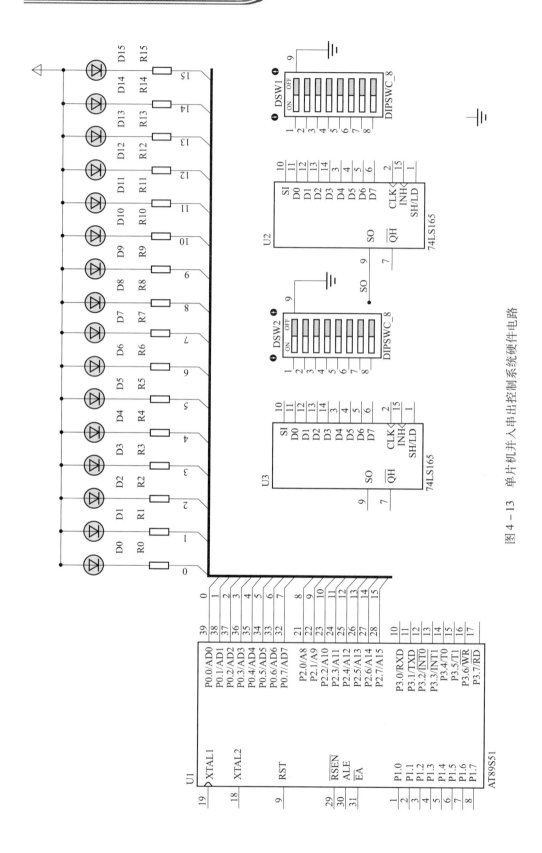

图 4-13 单片机并入串出控制系统硬件电路

③补全单片机并入串出控制系统如下软件程序。

```
#include <reg51.h>
#define uchar unsigned char
_____                              //位变量定义
/******10ms 延时函数******/
void delay()
{略}
/****** 数据转换函数 ******/
_____                              //函数定义
{
    _____                          //高低 4 位交换
    _____                          //高低 4 位中各自高低 2 位交换
    _____                          //每 2 位中各自高低位交换
    _____                          //数据返回
}
/****** 主函数 ******/
void main()
{
    _____                          //变量定义
    _____                          //设置串行口工作方式
    while(1)
    {
        _____                      //装载数据
        _____                      //数据移位
        _____                      //等待接收完成
        _____                      //清除接收标志
        _____                      //高 8 位数据接收
        _____                      //调用数据转换函数并输出
        _____                      //等待接收完成
        _____                      //清除接收标志
        _____                      //低 8 位数据接收
        _____                      //调用数据转换函数并输出
        _____                      //调用延时函数
    }
}
```

任务 2　单片机双机通信控制系统设计

知识目标	技能目标	素养目标
1. 会分析串行通信查询和中断工作原理； 2. 会分析单片机串行通信工作方式。	1. 会进行串行口初始化程序设计； 2. 会设计与调试单片机双机通信软硬件。	1. 操作规范，符合 5S 管理要求； 2. 具备分析问题和解决问题能力。

设计要求：甲乙两个单片机进行串行通信，甲机和乙机的 P1 口均接 8 位拨码开关，P0 口均接 8 个发光二极管。当甲机的某个开关闭合后，乙机对应的发光二极管点亮；乙机的某个开关闭合后，甲机对应的发光二极管点亮。

任务分析：①单片机的串行通信工作方式有方式 0～方式 3 共 4 种，其中方式 1 用于单片机双机通信控制；②单片机串行通信编程有查询和中断两种模式，通信程序设计的基本任务是进行串行口初始化设置。

知识导航

一、串行通信工作方式 1

AT89S51 单片机串行通信有 4 种工作方式，可通过串行口控制寄存器 SCON 中的 SM0 和 SM1 进行设置，其中工作方式 0 已在任务 1 中介绍。

工作方式 1 是 10 位数据的异步通信口，一帧数据包括 1 位起始位（低电平）、8 位数据位（先低位后高位）和 1 位停止位（高电平），其数据帧格式如图 4-14 所示。

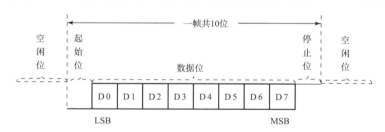

图 4-14　数据帧格式

串行通信发送过程：先将要发送的数据送入数据缓冲器 SBUF，即可启动发送。数据由 TXD 引脚串行发送（低位在先）。一帧数据发送完成后，由硬件自动置 TI 为 1，向 CPU 发出中断请求，CPU 响应中断后，由软件将 TI 清 0，然后准备发送下一帧数据。

串行通信接收过程：REN 为 1 时允许接收，外部数据由 RXD 引脚串行输入（低位在先）。一帧数据接收完成后，送入数据缓冲器 SBUF，同时由硬件自动置 RI 为 1，向 CPU 发出中断请求，CPU 响应中断后，由软件将 RI 清 0，然后准备接收下一帧数据。

> **知识检测**
>
> 1. 单片机串行口的工作方式有_____种，用于双机通信的工作方式是_____。
> 2. 单片机串行通信工作方式1的数据位数是_____位，其中包括8位_____、1位_____和_____。
> 3. 串行通信中，接收标志为_____，发送标志为_____，二者均由_____置1，由_____清0。

二、串行口初始化设置

1. 电源控制寄存器 PCON

PCON 主要是为 CHMOS 型单片机的电源控制而设置的专用寄存器，字节地址为 0x87，不可以位寻址。在 CHMOS 的 AT89S51 单片机中，PCON 除了最高位与串行通信有关外，其他位都是虚设的，其格式如图 4-15 所示。

	D7	D6	D5	D4	D3	D2	D1	D0
PCON（0X87）	SMOD	×	×	×	GF1	GF0	PD	IDL

图 4-15 PCON 格式

PCON 中的最高位为 SMOD 位，其功能是波特率选择位。在工作方式 1、工作方式 2 和工作方式 3 时，串行通信的波特率与 SMOD 有关。当 SMOD = 1 时，通信波特率加倍；当 SMOD = 0 时，波特率不变。

2. 波特率发生器初值计算

工作方式 0 中，波特率为晶振频率的 1/12，即 $f_{osc}/12$，固定不变。

工作方式 2 中，波特率取决于 PCON 中 SMOD 的值，当 SMOD = 0 时，波特率为 $f_{osc}/64$；当 SMOD = 1 时，波特率为 $f_{osc}/32$。

工作方式 1 和工作方式 3 中，波特率由定时器 T1 的溢出率和 SMOD 共同决定，即

$$波特率 = \frac{2^{SMOD}}{32} \times 定时器 T1 溢出率$$

通常 T1 作波特率发生器时，工作于方式 2，此时 T1 的溢出周期为 $12 \times (256 - X)/f_{osc}$，溢出率为溢出周期的倒数，由此得到的波特率计算公式如下：

$$波特率 = \frac{2^{SMOD}}{32} \times \frac{f_{osc}}{12 \times (256 - X)}$$

由上式推出定时器 T1 的初值计算公式如下：

$$X = 256 - \frac{2^{SMOD} \times f_{osc}}{384 \times 波特率}$$

通信系统中常用频率为 11.059 2 MHz 的晶振，当波特率为 9 600 b/s、SMOD 为 0、T1 工作方式 2 时，初值为 0xFD（即 256 - 3 = 253）；当波特率为 4 800 b/s，其他参数不变时，初值

为 0xFA（即 256 - 6 = 250）；当 SMOD 为 1，其他参数不变时，初值为 0xFE（即 256 - 1.5 ≈ 255）。由此算法可方便推算各波特率对应的初值，常用波特率及 T1 初值（方式 2）见表 4 - 4。

表 4 - 4 常用波特率及 T1 初值

波特率/（b·s^{-1}）	f_{osc}/MHz	SMOD	初值
方式 0：1M	12	×	×
方式 2：375K	12	1	×
方式 1、3：62.5K	12	1	0xFF
19.2K	11.059 2	1	0xFE
9.6K	11.059 2	0	0xFD
4.8K	11.059 2	0	0xFA
2.4K	11.059 2	0	0xF4
1.2K	11.059 2	0	0xE8

3. 串行口初始化步骤

串行口工作时，可采用查询模式和中断模式两种。串行口初始化包括设置串口控制寄存器 SCON、设置定时器控制寄存器 TCON、设置电源控制寄存器 PCON、设置定时器 T1 初值寄存器 TH1 和 HL1、设置中断允许寄存器 IE、设置中断优先级寄存器 IP 和设置定时器 T1 启动位 TR1。查询模式时，不需设置 IE 和 IP。中断模式时，除需要设置 IE 和 IP 外，还需编写中断函数。若同一单片机既发送数据，也接收数据，由于发送数据操作为主动，通常采用查询模式；而接收数据操作为被动，通常采用中断模式。

串行口中断模式初始化步骤如下：

①确定串行口的工作方式和状态——设置 SCON 寄存器；
②确定定时器 T1 的工作方式——设置 TMOD 寄存器；
③确定波特率是否倍增——设置 PCON 中的 SMOD 位；
④计算定时器 T1 的初值——设置 TH1、TL1 寄存器；
⑤允许串行口中断——设置 IE 寄存器；
⑥设置串行口中断优先级——设置 IP 寄存器；
⑦启动定时器 T1——设置 TCON 中的 TR1 位。

假设单片机串行通信工作方式为 1、不允许接收、发送波特率为 9 600 b/s、波特率倍增、中断模式、优先级为高级。则初始化程序段如下：

```
SCON = 0X40;          //串行口方式1,不允许接收
TMOD = 0X20;          //定时器T1方式2定时
PCON = 0X80;          //波特率加倍
TH1 = 0XFA;           //设置初值,波特率为9 600 b/s
TL1 = 0XFA;           //重装初值
IE = 0X90;            //允许串行口中断
IP = 0X10;            //串行口优先级为高级
TR1 = 1;              //启动定时器T1
```

> **知识检测**
>
> 1. 电源控制寄存器为＿＿＿＿＿＿，其中最高位为＿＿＿＿＿＿。当其值为 1 时，表示波特率＿＿＿＿＿＿。
> 2. 串行通信系统中，定时器 T1 作波特率发生器，此时其工作于＿＿＿＿＿＿，其初值计算公式为＿＿＿＿＿＿。
> 3. 通信系统中，常用的晶振是＿＿＿＿＿＿，若波特率为 4 800 b/s、SMOD 为 0，此时 T1 初值是＿＿＿＿＿＿；若将 SMOD 设为 1，此时 T1 初值是＿＿＿＿＿＿。
> 4. 单片机串行口的工作模式包括＿＿＿＿和＿＿＿＿两种，若同一单片机需要发送和接收数据，则发送时采用＿＿＿＿＿＿，接收时采用＿＿＿＿＿＿。

任务实施

一、硬件电路

补全如图 4-16 所示的单片机双机通信控制系统硬件电路。

二、软件程序

补全如下单片机双机通信控制系统软件程序（甲、乙机程序相同）：

```
#include <reg51.h>
#define uchar unsigned char
/****** 初始化函数 ****** /
_____              //函数定义
{
    _____             //设置串行口工作方式
    _____             //设置定时器工作方式
    _____             //设置电源控制寄存器
    _____             //装初值

    _____             //设置中断允许寄存器
    _____             //设置优先级控制寄存器
    _____             //启动定时器
}
/****** 主函数 ****** /
void main()
{
```

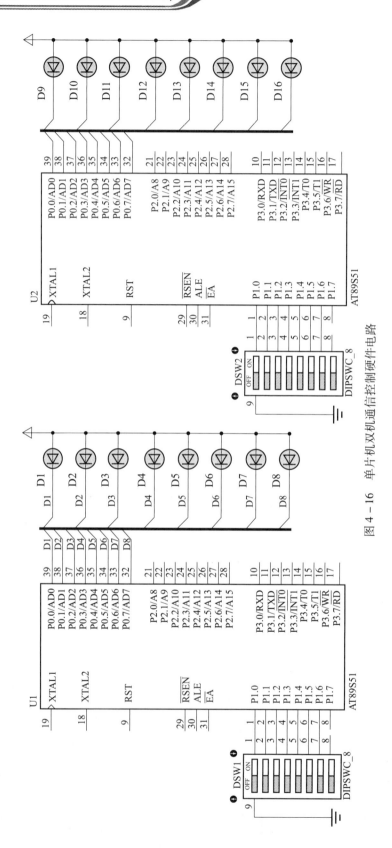

图 4-16 单片机双机通信控制硬件电路

```
            _____            //调用初始化函数
            while(1)
            {
                    _____            //发送数据
                    _____            //查询发送标志
                    _____            //清除发送标志
            }
}
/****** 接收中断函数 ******/
_____            //函数定义
{
            _____            //清除接收标志
            _____            //数据接收
}
/****** 主函数 ******/
void main()
{
            _____            //调用初始化函数
            while(1)
            {
                    _____            //查询接收标志
                    _____            //清除接收标志
                    _____            //接收数据
            }
}
```

三、系统调试

进行 Proteus 软件和 Keil 软件联调，拨动开关观察发光二极管的工作情况，并回答以下问题。

①硬件电路甲机的发送引脚为_____，乙机的接收引脚为_____。若将甲机的 TXD 连接乙机的 TXD，对系统上电后，发光二极管的工作情况为_____。

②程序中，串行口控制寄存器 SCON 的控制字为_____，发送数据采用_____模式，接收数据采用_____模式。

③程序中，若将清除发送标志语句去掉，则对控制系统的影响是_____；若将清除接收标志语句去掉，则对控制系统的影响是_____。

拓展知识

一、串行通信其他工作方式

1. 工作方式 2

工作方式 2 是 11 位数据的异步通信口。一帧数据包括 1 位起始位（低电平）、8 位数据位（先低位后高位）、1 位可编程位（用于奇偶校验）和 1 位停止位（高电平），其数据帧格式如图 4-17 所示。

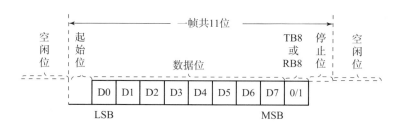

图 4-17 数据帧格式

发送时，先根据通信协议由软件设置 TB8，然后将要发送的数据写入 SBUF，启动发送。除了将 8 位数据送入 SBUF 外，同时还将 TB8 装入发送移位寄存器的第 9 位，并通知发送控制器通过 TXD 发送一帧信息，发送完成后，TI 被置 1；接收时，REN 置 1，允许接收，当接收完一帧数据后，将 8 位数据送入 SBUF，第 9 位送入 RB8，置中断标志 RI 为 1。

2. 工作方式 3

工作方式 3 是可变的 11 位数据的异步通信口，除了波特率以外，方式 2 与方式 3 完全相同，在此不再赘述。

知识检测

1. 单片机串行通信工作方式 2 的数据位数是_____位，其中包括 8 位_____，1 位_____、_____和_____。

2. 串行通信工作方式 2 接收数据时，将 8 位数据存入_____，将第 9 位存入_____。

二、单片机多机通信

1. 多机通信原理

单片机多机通信中，要保证主机与从机之间进行可靠的通信，通信接口必须具有从机身份的识别功能，串行口控制寄存器 SCON 中的 SM2 位即为满足这一要求而设置的多机通信位。单片机串行口以工作方式 2 或方式 3 实现多机通信，发送的一帧数据是 11 位，其中第 9 位用以区别发送的是地址帧还是数据帧（地址帧的第 9 位为 1，数据帧的第 9 位为 0）。若从机 SM2 为 1，则接收的是地址帧时，数据装入数据缓冲器 SBUF，并将 RI 置 1，向 CPU 发出中断请求；若接收到的是数据帧，则不改变中断标志 RI，将信息丢弃。若从机 SM2 为 0 时，则接收到数据的不论是地址帧还是数据帧，都将 RI 置 1，并将接收到的数据装入数据缓冲器 SBUF。

2. 多机通信设计过程

从机系统串口初始化为工作方式 2 或方式 3（SM0 = 1 或 0、SM1 = 1），允许接收（REN = 1），多机通信位有效（SM2 = 1）。在主机和从机通信之前，先将从机地址发送给各从机，然后再传送数据。主机发送地址时的第 9 位为 1，发送数据时的第 9 位为 0。

主机向从机发送地址时，由于各从机收到的第 9 位信息为 1，且从机 SM2 为 1，所以将接收标志 RI 置 1，其地址信息将送入各从机，此时，各从机将判断主机送来的地址是否和本地地址相符。若为本机地址，则置 SM2 为 0，准备接收主机的数据（或命令），若地址不一致，则保持 SM2 为 1 不变。

主机向从机发送数据时，第 9 位为 0，此时各从机接收到的 RB8 为 0，只有前面地址相符的从机（因其 SM2 = 0），才会激活接收中断标志 RI，接收主机的数据，其余从机由于 SM2 为 1、RB8 为 0，将不会激活 RI，所接收的数据将丢失。

知识检测

1. 单片机多机通信时，串行口工作方式为_____或_____，单片机多机通信位为_____。

2. 主机发送数据时，作为数据帧和地址帧的是_____；发送地址时，该位的值是_____；发送数据时，该位的值是_____。

3. 主机接收的数据是地址帧时，将数据_____；接收的数据是数据帧时，将数据_____。

技能训练

设计单片机多机通信中断控制系统，实现用主机连接的拨码开关控制从机连接的发光二极管，设计要求如下：

①利用 Proteus 软件设计硬件电路，补全如图 4 - 18 所示参考硬件电路。
②利用 Keil 软件设计软件程序，补全下列参考软件程序。
③进行单片机多机通信中断控制系统软硬件联调，观察主机拨码开关闭合后从机发光二极管的工作情况。

```
/****** 主机程序 ****** /
#include < reg51.h >
#define uchar unsigned char
/****** 初始化函数 ****** /
_____                    //函数定义
{
```

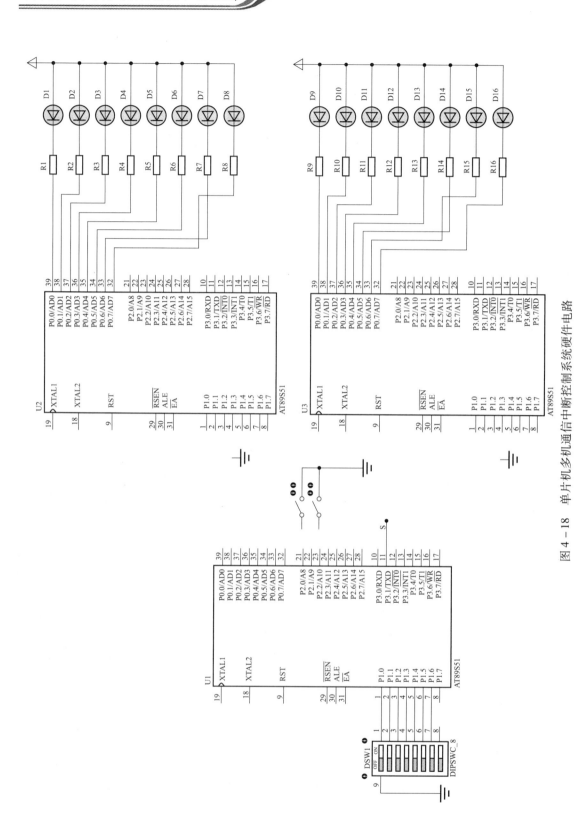

图 4-18 单片机多机通信中断控制系统硬件电路

```
                _____           //设置串行口工作方式
                _____           //设置定时器工作方式
                _____           //设置电源控制寄存器
                _____           //装初值
                _____           //启动定时器
    }
/****** 发送函数 ****** /
_____                           //函数定义
{
                _____           //发送数据帧设置
                _____           //发送数据
                _____           //查询发送标志
                _____           //清除发送标志
}
/****** 主函数 ****** /
void main()
{
                _____           //定义地址变量
                _____           //调用初始化函数
    while(1)
    {
                _____           //获取从机地址
                _____           //发送地址帧设置
                _____           //发送地址
                _____           //查询发送标志
                _____           //清除发送标志
                _____           //调用发送函数
    }
}
/****** 从机程序 ****** /
#include <reg51.h>
#define uchar unsigned char
/****** 初始化函数 ****** /
_____
{
                _____           //函数定义
                _____           //设置串行口工作方式
                _____           //设置定时器工作方式
```

```
            _____              //设置电源控制寄存器
            _____              //装初值

            _____              //启动定时器
}
/****** 接收函数 ******/
_____
{
            _____              //定义数据变量
            _____              //查询接收标志
            _____              //清除接收标志
                                          //判断数据类型
            _____              //接收数据
            _____              //数据返回
}
/****** 主函数 ******/
void main()
{
            _____              //定义地址、数据变量
            _____              //调用初始化函数
    while(1)
    {
            _____              //获取从机地址
                                          //设置多机通信位有效
            _____              //循环判断是否为数据帧
            {
            _____              //查询接收标志
            _____              //清除接收标志
            _____              //接收数据
            }
            _____              //设置多机通信位无效
                                          //调用接收函数
                                          //点亮发光二极管

    }
}
```

设计完成后回答以下问题：

①电路中，从机 U2 的地址是_____，从机 U3 的地址是_____。

②程序中，若主机和从机初始化时的波特率不一致，则主机开关闭合时，从机发光二极

管显示_____。从机程序中，若去掉设置多机通信位无效语句，则系统工作_____。

③主机的发送函数发送的数据内容是_____，从机的接收函数接收的数据内容是_____。

思考练习

设计单片机主从机通信控制系统，设计要求如下：

①主机连接 8 个按键，从机连接 1 个数码管，利用从机数码管显示对应的主机按键。

②补全单片机主从机通信控制系统如图 4-19 所示的硬件电路。

③补全单片机主从机通信控制系统如下软件程序：

```
/****** 主机程序 ****** /
#include<reg51.h>
#define uchar unsigned char
   _____                              //全局变量定义
   _____              //按键值数组定义
   _____
/****** 延时函数 ****** /
void delay()
{略}
/****** 初始化函数 ****** /
   _____                              //函数定义
{
       _____                          //设置串行口工作方式
       _____                          //设置定时器工作方式
       _____                          //设置电源控制寄存器
       _____                          //装初值
       _____
       _____                          //启动定时器
}
/****** 按键函数 ****** /
   _____                              //函数定义
{
       _____                          //变量定义
       _____                          //锁存器置 1
       _____                          //按键判断
       {
           _____                      //延时消抖
           _____                      //按键再次判断
```

143

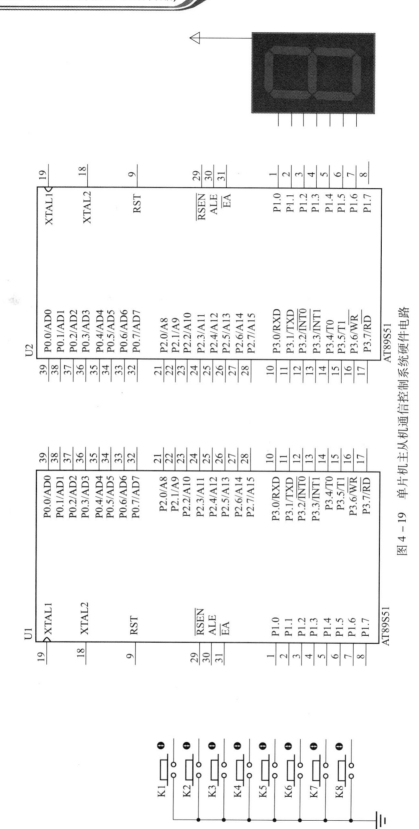

图 4-19 单片机主从机通信控制系统硬件电路

```
            {
                    _____              //键值存储
                    _____              //循环控制
                {
                    _____              //键值识别
                    _____              //键值处理
                }
            }
    }
}
/****** 主函数 ****** /
void main()
{
        _____                          //调用初始化函数
        while(1)
        {
                _____                  //调用按键函数
                _____                  //发送数据
                _____                  //查询发送标志
                _____                  //清除发送标志
        }
}
/****** 从机程序 ****** /
#include<reg51.h>
#define uchar unsigned char
_____        //数码管数组定义
_____
/****** 初始化函数 ****** /
_____                                //函数定义
{
        _____                          //设置串行口工作方式
        _____                          //设置定时器工作方式
        _____                          //设置电源控制寄存器
        _____                          //装初值

        _____                          //启动定时器
}
```

```
/****** 主函数 ******/
void main()
{
        _____              //变量定义
        _____              //调用初始化函数
    while(1)
    {
        _____              //查询接收标志
        _____              //清除接收标志
        _____              //接收数据
        _____              //数码管显示
    }
}
```

任务3　单片机与PC机通信控制系统设计

知识目标	技能目标	素养目标
1. 会分析RS232C串口通信标准； 2. 会分析MAX232芯片功能及DB9连接器引脚。	1. 会控制单片机与PC机之间通信硬件和设计软件； 2. 会应用串口调试助手和虚拟串口软件。	1. 操作规范，符合5S管理要求； 2. 具备沟通交流，团队协作能力。

设计要求： 单片机向PC机发送英文大写字母表，时间间隔为1 s，并将发送的英文字母表通过虚拟终端显示。

任务分析： ①单片机串口采用正逻辑TTL电平，PC机采用负逻辑RS232C电平，二者不能直接相连；②PC机的串口采用DB9连接器进行串行通信，单片机与PC机通信仿真时，需借助虚拟终端和串行接口组件。

知识导航

一、RS232C串口通信

1. RS232C接口

RS232C接口是1969年由美国电子工业协会（EIA）联合贝尔系统、调制解调器厂家及计算机终端生产厂家共同制定的用于串行通信的标准。它的全名是数据终端设备（DTE）和数据通信设备（DCE）之间串行二进制数据交换接口技术标准。其中RS表示Recommended Standard，232是该标准的标志号，C表示最后一次修订。

RS232C 主要用来定义计算机系统的一些数据终端设备和数据通信设备之间的电气性能。由于单片机具有一个全双工的串行接口，因此与计算机连接非常方便。RS232C 采用串行格式，数据帧的格式为 1 位起始位、5~8 位数据位、1 位奇偶校验位、1 位停止位，数据帧之间用 1 表示空闲位。

RS232C 上传送的数据采用负逻辑且与地对称，逻辑 1：-5~-15 V；逻辑 0：+5~+15 V。TTL 电平数据表示通常采用二进制，+5 V 等价于逻辑 1，0 V 等价于逻辑 0，这被称作 TTL（晶体管-晶体管逻辑电平）信号系统，这是计算机处理器控制的设备内部各部分之间通信的标准技术。AT89S51 单片机串口使用的是 TTL 电平，PC 机串口使用的是 RS232C 电平，因此单片机与 PC 机之间不能直接连接。

2. MAX232 芯片

MAX232 芯片是德州仪器公司（TI）推出的电平转换集成电路，它是单电源、双路 RS232 发送接收器，MAX232 内部有一个电源电压变换器，可以把输入的 +5 V 电压变换成 RS232 需要的 ±10 V 电压，因此，可以利用 MAX232 芯片进行电平转换，实现单片机与 PC 机的通信。MAX232 内部逻辑框图及引脚如图 4-20 所示。

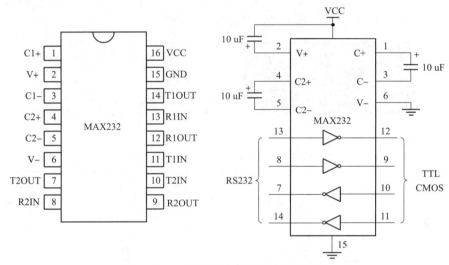

图 4-20　MAX232 内部逻辑框图及引脚

如果两个单片机之间的距离较远，也可以在每个单片机电路上增加 MAX232 电平转换电路。电路连接关系如图 4-21 所示。将单片机发送端的 TTL 电平转换为 RS232 电平，接收端再将 RS232 电平转换为 TTL 电平。RS232 的通信距离在 15 m 之内，利用 MAX232 还可以实现程序在线下载。

知识检测

1. AT89S51 单片机串口采用的是正逻辑的_____电平，PC 机串口采用的是负逻辑的_____电平。

2. 芯片 MAX232 的基本功能是实现_____，另外，利用 MAX232 还可以实现程序_____。

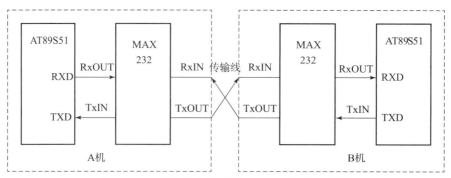

图 4-21　单片机之间采用 MAX232 连接示意图

二、串行通信仿真组件

1. DB9 连接器

RS232C 标准总线为 25 根，可采用标准的 DB25 和 DB9 的 D 形插头。目前计算机只保留了 2 个 DB9 插头，作为提供多功能 I/O 卡或主板上 COM1 和 COM2 两个串行接口的连接器。DB9 连接器如图 4-22 所示，其各引脚定义见表 4-5。

 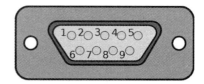

图 4-22　DB9 连接器

表 4-5　DB9 连接器各引脚定义

引脚	名称	功能	引脚	名称	功能
1	DCD	载波检测	6	DSR	数据准备完成
2	RXD	接收数据	7	RTS	请求发送
3	TXD	发送数据	8	CTS	发送清除
4	DTR	数据终端准备完成	9	RI	振铃提示
5	GND	信号地线			

备注：左上角为 1，右下角为 9。

PC 机串行通信端口采用 DB9 封装的 COM 接口，对 PC 机而言，其 2 脚为数据输出引脚，3 脚为数据输入端。PC 机 COM 口与单片机、MAX232 之间的连接关系如图 4-23 所示。在串行通信中，仅连接发送数据（2）、接收数据（3）和信号地（5）3 个引脚即可。

2. 虚拟终端

仿真软件 Proteus 内置的虚拟终端可进行单片机与 PC 机串口通信调试，用户可以单击 Proteus 软件左侧的工具栏的仪表按钮 中的 VIRTUAL TERMINAL（虚拟终端），虚拟终端如图 4-24 所示。RXD—数据接收引脚、TXD—数据发送引脚、RTS—请求发送信号、CTS—清除传送，是对 RTS 的响应信号。

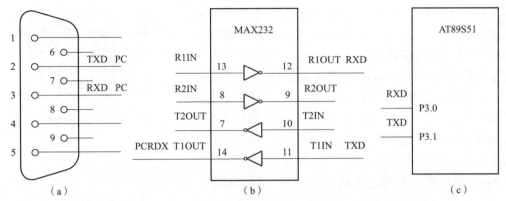

图 4-23 PC 机、单片机、MAX232 连接关系图
(a) PC 机；(b) MAX232；(c) 单片机

使用时，其 RXD 端接单片机的 TXD 引脚、单片机所发送的字符，可以在虚拟终端中显示出来。需要注意的是，不能将虚拟终端连接 MAX232 的 T1OUT 引脚，否则显示乱码。另外，单片机的晶振应设置为 11.059 2 MHz，且虚拟终端的波特率要与程序中的设置相同。双击虚拟终端进入编辑元件界面，如图 4-25 所示。其中 Baud Rate—波特率；Data Bits—数据位数；Parity—奇偶校验位；Stop Bits—停止位数；Send XON/OFF—发送第 9 位允许/禁止。

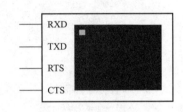

图 4-24 虚拟终端

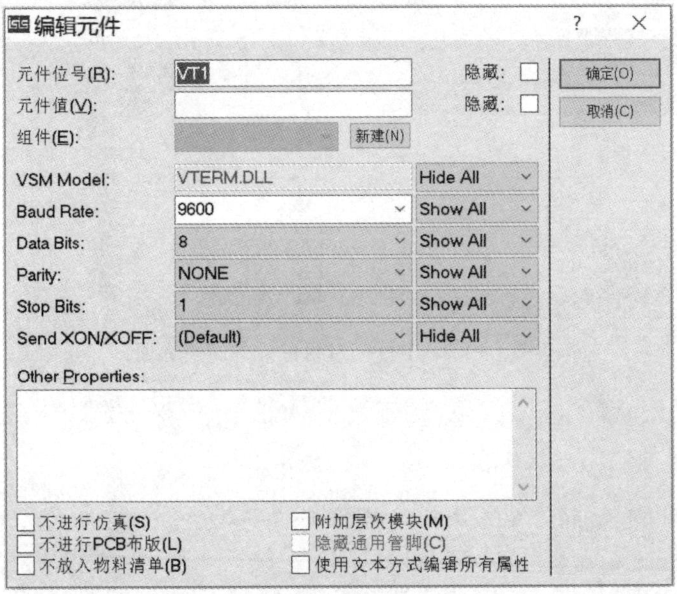

图 4-25 虚拟终端编辑元件界面

3. 串行接口组件

仿真软件 Proteus 内置串行接口组件（COMPIM），串行接口组件如图 4-26 所示。它是

标准的 RS232 端口，其功能相当于 DB9 连接器，当由 CPU 或 UART 软件生成的数字信号出现在 PC 机物理 COM 端口时，它能缓冲所接收的数据，并将它们以数字信号的形式发送给 Proteus 仿真电路。双击串行接口组件进入编辑元件界面，如图 4-27 所示，其中 Physical Port—实际端口；Physical Baud Rate—实际波特率；Physical Data Bits—实际数据位数；Physical Parity—实际奇偶校验位；Virtual Baud Rate—虚拟波特率；Virtual Data Bits—虚拟数据位数；Virtual Parity—虚拟奇偶校验位。

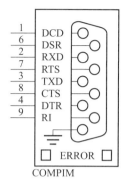

图 4-26 串行接口组件

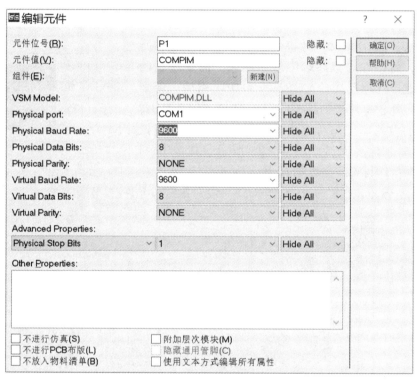

图 4-27 串行接口组件元件编辑界面

知识检测

1. 仿真软件 Proteus 软件中，虚拟终端的关键字是_____，串行接口组件的关键字是_____。
2. 虚拟终端编辑时，Baud Rate 为设置_____，Parity 为设置_____。
3. 串行接口组件中的 RXD 引脚的功能为_____，TXD 引脚的功能为_____。

任务实施

一、硬件电路

补全如图 4-28 所示的单片机与 PC 机通信控制系统硬件电路,并设置单片机、虚拟终端和串行接口组件参数。

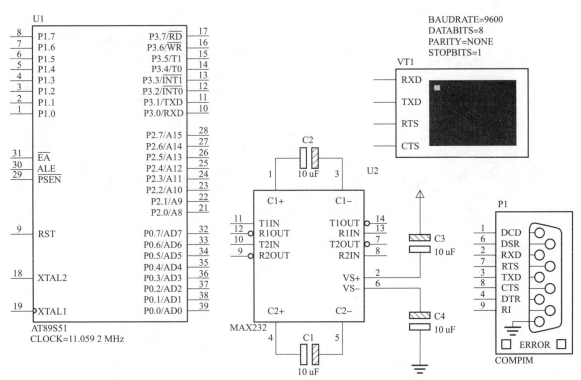

图 4-28 单片机与 PC 机通信控制系统硬件电路

二、软件程序

补全如下单片机与 PC 机通信控制系统软件程序:

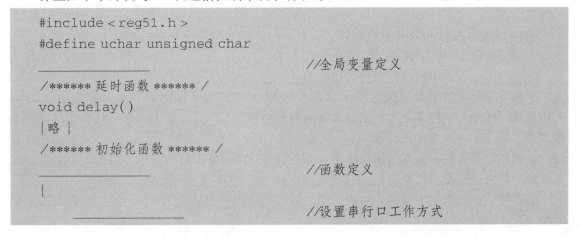

```
            _____                    //设置定时器工作方式
                                                //设置电源控制寄存器
            _____                    //装初值

            _____                    //启动定时器
}
/****** 数据发送函数 ****** /
_____
{
            _____                    //函数定义


            _____                    //数据发送
            _____                    //查询发送标志
            _____                    //清除发送标志

}
/****** 主函数 ****** /
void main()
{

            _____                    //调用初始化函数
    while(1)
    {
            _____                    //循环控制
        {
            _____                    //调用发送数据函数
            _____                    //调用延时函数
        }
    }
}
```

三、系统调试

进行 Proteus 软件和 Keil 软件联调，观察虚拟终端显示内容，并回答以下问题。

① 硬件电路中，虚拟终端的功能为_____，MAX232 的功能为_____，串行接口组件的功能为_____。

② 若将硬件电路中单片机的晶振参数改为 12 MHz，则虚拟终端显示内容为_____；若将虚拟终端中的波特率改变，则虚拟终端显示内容为_____；若将串行接口组件中的参数改变，则虚拟终端显示内容为_____。

③ 程序中，若将调用发送语句改为 send(c + A);，则虚拟终端显示内容为_____。定义发送字符为全局变量的原因是_____。

④ 程序中，若采用中断模式编程，则中断函数体语句为_____，数据发送语句改为_____。

拓展知识

一、虚拟串口软件

虚拟串口软件 VSPD（Virtual Serial Port Driver）是由著名的软件公司 Eltima 制作的一款很实用的软件，可以虚拟计算机串口连接，方便串行通信程序设计与调试。虚拟串口软件界面如图 4-29 所示。

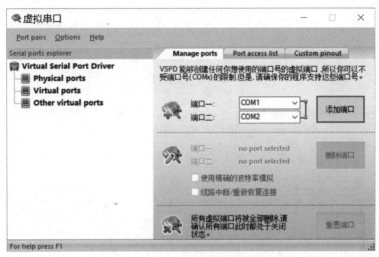

图 4-29　虚拟串口软件界面

添加串口时，首先编辑右侧的"端口一"和"端口二"中的选项，然后单击右侧的"添加端口"按钮即可添加一组连接好的串口组，并在左侧的窗口中显示添加的结果。由于计算机中 COM1 和 COM2 一般都被物理串口占用，所以选择从 COM3 和 COM4 开始作为虚拟串口。利用虚拟串口软件添加串口 COM3 和 COM4 的连接结果如图 4-30 所示。

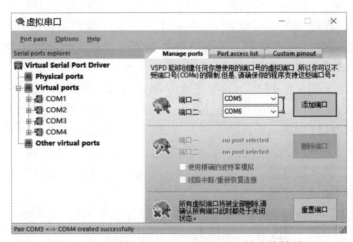

图 4-30　添加串口 COM3 和 COM4 的连接结果

如果需要删除某一组串口，首先在左侧窗口选中要删除的串口组中的任意一个，这样才能激活右侧的"删除端口"按钮，确认无误后单击"删除端口"按钮即可。利用虚拟串口软件删除串口 COM1 和 COM2 的连接结果如图 4-31 所示。

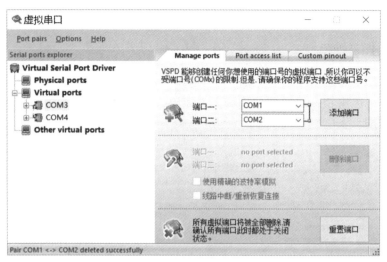

图 4-31 删除串口 COM1 和 COM2 的连接结果

另外，还可以单击软件右侧的"重置端口"按钮将所有虚拟串口都删除。

> **知识检测**
>
> 1. VSPD（Virtual Serial Port Driver）软件的中文名称是_____，其功能是虚拟计算机的_____。
> 2. 计算机中通用串口是_____和_____，一般虚拟串口从_____开始。

二、串口调试助手

串口调试助手是一个强大、稳定的串口调试工具，支持常用的波特率及自定义波特率，能设置校验、数据位和停止位，能以 ASCII 码或十六进制接收或发送任何数据或字符（包括中文），可以任意设定自动发送周期，并能将接收数据保存成文本文件，能发送任意大小的文本文件。串口调试助手界面如图 4-32 所示。

打开串口调试助手后，左侧从上到下依次是串口设置、接收设置和发送设置三个选项卡。其中串口设置包括端口、波特率、数据位、校验位、停止位和流控选项，接收设置包括 ASCII 或 HEX、自动换行、显示发送、显示时间选项，发送设置包括 ASCII 或 HEX、自动重发周期选项。右侧上方窗口为接收区、下方为发送区。单击右侧的"打开"按钮即可打开串口，打开串口后，该按钮变为"发送"按钮。下面以虚拟串口 COM3 和 COM4 进行串行通信为例，介绍串口调试助手的用法。

串口调试助手中的参数采用默认设置，分别打开串口 COM3 和 COM4，假设串口 COM3 向串口 COM4 中发送字母"ABCD"、串口 COM4 向串口 COM3 中发送数字"1234"，字母和数字发送操作结果如图 4-33 所示。

项目四　通信控制系统设计

图 4-32　串口调试助手界面

图 4-33　字母和数字发送操作结果

知识检测

1. 串口调试助手软件中的参数设置内容包括_____、_____和_____3种，工具栏中 🔧 的功能是_____。

155

2. 串口 COM3 若要以十六进制数发送 0x30，则发送设置应选择_____，串口 COM4 若接收的数据以 ASCII 显示，结果是_____。

技能训练

设计 PC 机与单片机通信控制系统，利用虚拟串口将单片机和 PC 机进行串口连接，实现在串口调试助手发送窗口输入 15 个数字，单片机接收 PC 机发送的数字串，并通过数码管显示，设计要求如下：

①利用 Proteus 软件设计硬件电路，利用虚拟串口将单片机和 PC 机进行串口连接，补全如图 4-34 所示的参考硬件电路。

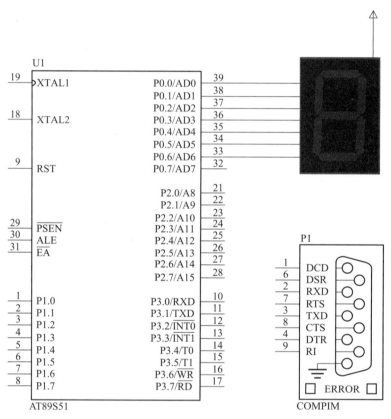

图 4-34 PC 机与单片机通信控制系统硬件电路

②利用 Keil 软件设计软件程序，补全下列参考软件程序。

③进行 PC 机与单片机通信控制系统软硬件联调，利用串口调试助手发送数字，观察数码管工作情况。

```
#include<reg51.h>
#define uchar unsigned char
```

_____   //全局变量、数组定义
uchar led[ ] = {略};   //数码管字型表
/****** 延时函数 ******/
void delay()
{略}
/****** 初始化函数 ******/
_____
{
                                  //函数定义

    _____   //设置串行口工作方式
    _____   //设置定时器工作方式
    _____   //设置电源控制寄存器
    _____   //装初值

    _____   //启动定时器
}
/****** 主函数 ******/
void main()
{
    _____   //变量定义
    _____   //调用初始化函数
    _____   //数码管不亮
    while(1)
    {
        _____   //循环控制
        {
            _____   //数码管显示
            _____   //调用延时函数
        }
    }
}
/****** 接收中断函数 ******/
_____   //函数定义
{
    _____   //清除接收标志
    _____   //数据接收
    _____   //数据判断
    {
        _____   //数据转换存储

```
                                    //计数器加1
                                    //计数器终值判断
                                    //计数器清零
    }
}
```

设计完成后,回答以下问题:
①电路中,COMPIM 的端口设置为_____,其波特率设置为_____。
②串口调试助手的端口设置为_____,其波特率设置为_____。若其与 COMPIM 参数设置不一致,则数码管_____。
③程序中,判断 PC 机发送的字符为数字的语句为_____。若在串口调试助手发送窗口中输入非数字,则数码管_____。

思考练习

设计单片机与 PC 机通信综合控制系统,设计要求如下:
①利用虚拟串口将单片机和 PC 机串口连接,在串口调试助手发送窗口输入字母 A~F 中任意一个,单片机接收 PC 机发送的字母,并通过数码管显示。当按下按键后,串口调试助手接收窗口显示"YES!"。
②补全单片机与 PC 机通信综合控制系统如图 4-35 所示的硬件电路。

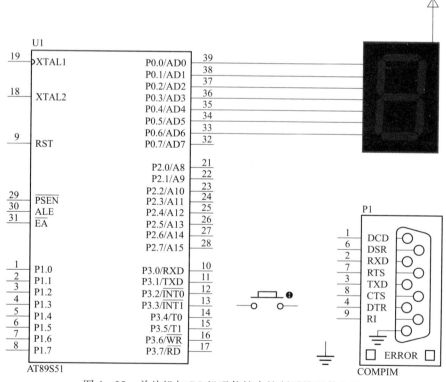

图 4-35 单片机与 PC 机通信综合控制系统硬件电路

③补全单片机与PC机通信综合控制系统如下软件程序：

```
#include<reg51.h>
#define uchar unsigned char
_____                    //全局变量初始化
_____            //数码管字型表
_____
/****** 初始化函数 ****** /
_____                    //函数定义
{
    _____                    //设置串行口工作方式
    _____                    //设置定时器工作方式
    _____                    //设置电源控制寄存器
    _____                    //装初值

    _____                    //设置中断允许控制寄存器
    _____                    //设置中断优先级控制寄存器
    _____                    //设置外部中断触发方式
    _____                    //启动定时器
}
/****** 主函数 ****** /
void main()
{
    _____                    //调用初始化函数
    while(1)
    {
        _____                //数码管显示
    }
}
/****** 接收中断函数 ****** /
_____                        //函数定义
{
    _____                    //清除接收标志
    _____                    //数据转换接收
}
/****** 外部中断函数 ****** /
_____                        //函数定义
{
```

```
                _____         //变量定义
                _____         //字符串数组初始化
                _____         //循环控制
          {
                      _____   //数据发送
                      _____   //查询发送标志
                      _____   //清除发送标志
          }
   }
```

项目五 智能电子产品控制系统设计

电压表、波形发生器和温度计等智能电子产品应用广泛,它们的输入或输出信号是连续变化的物理量,而单片机处理的是数字量,因此单片机需要经过模数或数模转换来控制智能电子产品。本项目介绍利用单片机实现智能电子产品控制系统的设计与调试,内容包括数字电压表控制系统设计和波形发生器控制系统设计 2 个任务。通过以上 2 个任务的学习,熟悉模数和数模转换原理,掌握单片机控制模拟量的方法。

任务 1 数字电压表控制系统设计

知识目标	技能目标	素养目标
1. 会分析 ADC0809 技术指标及引脚功能; 2. 会分析 ADC0809 的延时、查询、中断工作方式。	1. 会设计与应用 A/D 模数转换芯片; 2. 会设计与调试数字电压表控制系统。	1. 操作规范,符合 5S 管理要求; 2. 具备查阅资料和自主学习能力。

设计要求:利用 A/D 转换芯片 ADC0809 采集 0~5 V 连续可变的模拟电压信号,转变为 8 位数字信号后送单片机处理,并在四位一体数码管上显示电压值,显示格式为 5.00U。

任务分析:①连续的 0~5 V 电压为模拟量,单片机处理的信号为数字量,因此需将模拟量经过 A/D 转换芯片将模拟量变为数字量,ADC0809 为常用的 A/D 转换芯片;②ADC0809 内部逻辑结构由输入通道、A/D 转换器和三态输出锁存器 3 部分组成,其工作方式有延时方式、查询方式和中断方式 3 种。

知识导航

一、A/D 转换器概述

1. A/D 转换器定义及分类

单片机应用系统中，经常需要处理电压、电流、压力等物理量（模拟量），模拟量经过放大、滤波及采样/保持电路得到离散的模拟量，还需要转换成离散的数字量，才能输入单片机进行处理。能将模拟量转换成数字量的器件称为模数转换器（Analog Digital Converter），简称 A/D。

A/D 转换器是将模拟量向数字量转换的器件。按照转换原理，可分为 4 种：计数式 A/D 转换器、双积分式 A/D 转换器、逐次逼近式 A/D 转换器和并行式 A/D 转换器。目前常用的 A/D 转换器是双积分式 A/D 转换器和逐次逼近式 A/D 转换器。前者的主要优点是转换精度高，抗干扰性好，价格低廉，但转换速度较慢，一般用于速度要求不高的场合。后者是一种速度快、精度高的转换器，其转换时间在几微秒至几百微秒。

2. A/D 转换器技术指标

（1）分辨率

表示输出数字量变化一个相邻数码时所需输入模拟电压的变化量，其转换公式是 $V_{ref}/2^n$，n 为数字量位数，位数越多，量化分层越细，量化误差越小，分辨率就越高。

例如，一个 A/D 转换器的输入模拟电压变化范围为 0～5 V，则 8 位数字量输出系统的分辨率为 19.5 mV（1/256）、10 位数字量输出系统的分辨率为 4.88 mV（1/1 024）、12 位的输出系统的分辨率为 1.22 mV（1/4 096）。

（2）量化误差

连续变化的模拟量，对其进行数字化处理即是量化。量化过程产生的误差称作量化误差。量化误差是由 A/D 转换时有限的分辨率引起的。量化误差和分辨率是统一的，理论上为一个单位分辨率，分辨率越高，量化误差越小。

（3）转换速率

A/D 的转换速率是每秒所完成转换的次数。完成一次转换所需时间，即从转换控制信号开始，直至输出端得到稳定的数码结束为止所需的时间。

知识检测

1. 模数转换器的功能是将_____量转换为_____量，其简称为_____。

2. A/D 转换器按转换原理可分为_____种，目前常用的 A/D 转换器类型是_____和_____。

3. A/D 转换器常用的性能指标包括_____、_____和_____。

二、AD 转换芯片 ADC0809

1. ADC0809 功能及引脚

ADC0809 是一种 8 路模拟输入、8 路数字输出的逐次比较型 A/D 转换器，其引脚如图

5-1所示，内部逻辑结构图如图5-2所示。

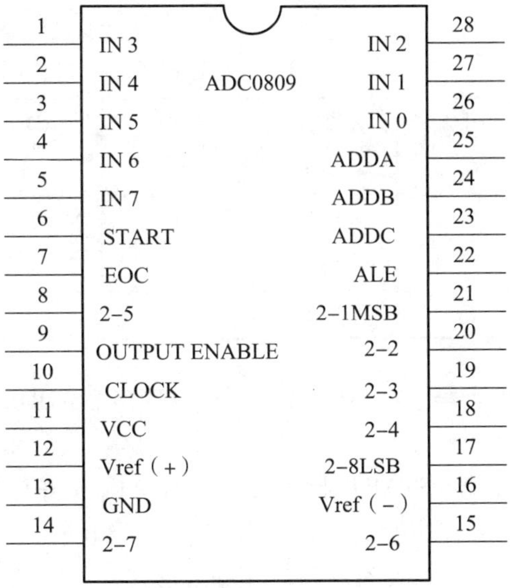

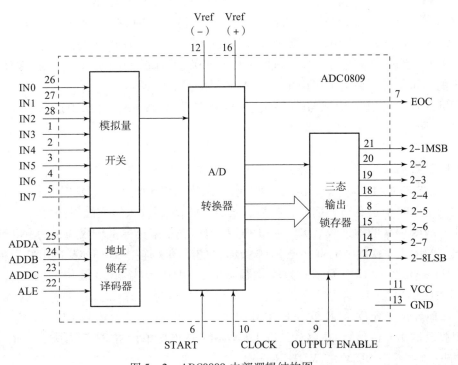

图5-1 ADC0809引脚图

图5-2 ADC0809内部逻辑结构图

ADC0809包括模拟量开关、地址锁存译码器、A/D转换器和三态输出锁存器，各引脚功能如下：

①IN0～IN7：8路模拟量输入通道。ADC0809对输入模拟量的要求主要有：信号单极

性，电压范围 0～5 V，若信号过小，则需进行放大。

②ADDA～ADDC：地址线，ADDA 为低地址，ADDC 为高地址，用于对模拟通道进行选择。通道选择表见表 5-1。

表 5-1 通道选择表

ADDC	ADDB	ADDA	通道	ADDC	ADDB	ADDA	通道
0	0	0	IN0	1	0	0	IN4
0	0	1	IN1	1	0	1	IN5
0	1	0	IN2	1	1	0	IN6
0	1	1	IN3	1	1	1	IN7

③ALE：地址锁存允许信号。在 ALE 上升沿，ADDA、ADDB 和 ADDC 地址状态送入地址锁存器中。

④START：转换启动信号。START 上升沿时，所有内部寄存器清 0；START 下降沿时，开始进行 A/D 转换；在 A/D 转换期间，START 应保持低电平。

⑤2-1～2-7：数据输出线。其为三态缓冲输出形式，可以和单片机的数据线直接相连。

⑥EOC：转换结束状态信号。EOC = 0 时，正在进行转换；EOC = 1 时，转换结束。该状态信号既可作为查询的状态标志，又可以作为中断请求信号使用。

⑦OUTPUT ENABLE（OE）：输出允许信号。其用于控制三态输出锁存器向单片机输出转换的结果。OE = 0 时，输出数据线呈高电阻；OE = 1 时，输出转换的结果。

⑧CLOCK：时钟信号引脚。由此引入 ADC0809 所需的时钟信号，通常使用频率为 500 kHz 的时钟信号，该信号可由单片机 ALE 引脚经分频得到。

⑨Vref：参考电源。用来与输入的模拟信号进行比较，作为逐次逼近的基准。其典型值为 +5 V，Vref(+) = +5 V，Vref(-) = 0 V。

2. ADC0809 延时工作方式

根据 EOC 引脚连接方式的不同，ADC0809 和单片机有 3 种工作方式，其中，ADC0809（Proteus 软件中的 ADC0809 不支持仿真，所以采用 ADC808 代替）延时工作方式如图 5-3 所示。此时 EOC 引脚悬空，启动转换后，延时 100 μs 后读入转换结果即可。

图中 ADC0809 的地址线 ADDA～ADDC 接地，表示采集模拟输入通道为 IN0 通道，所以滑动变阻器 RV1（软件中关键字是 POT-HG）的滑动头连接 ADC0809 的 IN0 引脚；数据输出线 OUT1～OUT8（其中 OUT1 为输出最高位，OUT8 为输出最低位）分别连接单片机 P1.7～P1.0；转换结束信号 EOC 悬空，表示采用延时工作方式；另外，转换启动信号 START 和地址锁存允许 ALE 均连接单片机的 P3.1 引脚、时钟信号 CLOCK 连接单片机的 P3.0 引脚、输出允许信号 OE（OUTPUT ENABLE）连接单片机 P3.2 引脚，Volts 为电压表，其在软件左侧 🔍 中 DC VOLTMETER 选取。

ADC0809 的工作时序图如图 5-4 所示，其程序设计步骤如下：

①ALE 上升沿将 ADDA～ADDC 进行输入通道地址锁存，START 上升沿清除 ADC0809 内部各寄存器。

②保持 START 引脚 100 ns 高电平后，使其得到下降沿信号，启动 A/D 转换。

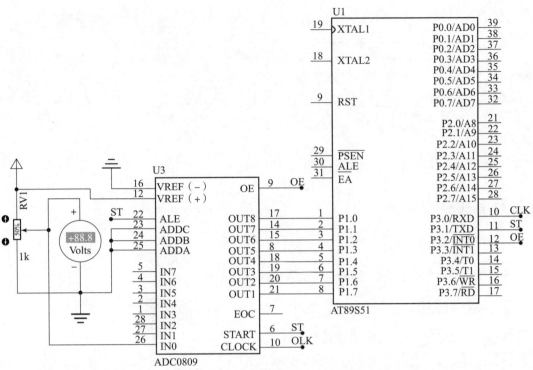

图 5-3 ADC0809 延时工作方式

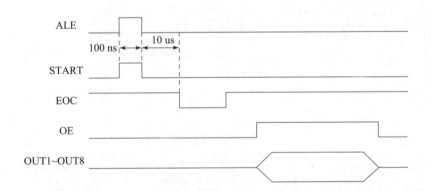

图 5-4 ADC0809 工作时序图

③延时 10 μs 或查询 EOC 引脚状态，EOC 引脚由低变高，表示 A/D 转换过程结束。
④允许读数，将 OE 引脚设置为高电平。
⑤读取 A/D 转换结果，将 OUT8～OUT1 的 8 位数据输出。

> 知识检测

1. 芯片 ADC0809 是_____转换器，若其输入的电压范围为 0～5 V，则其分辨率是_____。

2. ADC0809 的输入引脚为_____，地址线为_____。若输入通道号为 IN6，则地址线的值为_____。

3. ADC0809 时钟引脚为_____，转换启动引脚为_____，转换结束引脚为_____，输出允许引脚为_____。

4. AD 转换程序设计时，首先使引脚 ALE 和 START 为_____，使引脚 START 为_____。然后查询引脚 EOC 状态，当其为_____时，表示转换结束。最后允许读数时设置引脚 OE 为_____。

任务实施

一、硬件电路

补全如图 5-5 所示的数字电压表控制系统硬件电路。

二、软件程序

补全如下数字电压表控制系统软件程序：

```
#include<reg51.h>
#define uchar unsigned char
#define uint unsigned int

_____              //时钟位变量定义
_____              //转换开始位变量定义
_____              //输出允许位变量定义
_____              //数码管字形码表(含U)
_____
_____              //位码数组定义
                            //段码数组定义
                            //全局变量定义
/****** 含参延时函数 ******/
void delay()
{略}
/****** A/D 转换函数 ******/
_____              //函数定义
{
    _____          //地址锁存和清除内部寄存器
    _____          //地址锁存和清除内部寄存器
    _____          //启动 A/D 转换
    _____          //调用延时函数
```

项目五 智能电子产品控制系统设计

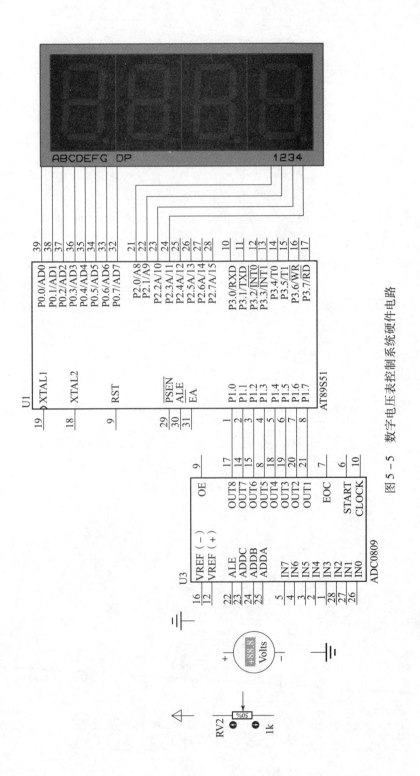

图5-5 数字电压表控制系统硬件电路

```
            _____              //允许输出
            _____              //读取数据
}
/****** 数码管显示函数 ****** /
_____                          //函数定义
{
            _____              //变量定义
            _____              //数据处理
            _____              //第一位显示段码
            _____              //第二位显示段码
            _____              //第三位显示段码
            _____              //第四位显示段码
            _____              //循环控制
            {
                    _____      //位码控制
                    _____      //段码控制
                    _____      //调用延时函数
            }
}
/****** 初始化函数 ****** /
_____                          //函数定义
{
            _____              //设置定时器工作方式
            _____              //装初值
            _____              //装初值
            _____              //设置中断允许寄存器
            _____              //启动定时器
}
/****** 主函数 ****** /
void main()
{
            _____              //调用初始化函数
            while(1)
            {
                    _____      //调用A/D转换函数
                    _____      //调用数码管显示函数
            }
}
```

```
/****** 定时中断函数 ****** /
_____                    //函数定义
{
    _____                //时钟信号处理
}
```

三、系统调试

进行 Proteus 软件和 Keil 软件联调，调节滑动变阻器，观察数码管显示情况，并回答以下问题。

①若将硬件电路中采集输入通道改为 IN7，则地址信号 ADDA ~ ADDC 应接_____。若要将 OUT1 ~ OUT8 依次连接 P1.0 ~ P1.7，则数码管显示_____。

②程序中，显示小数点的运算符为_____，若改为共阴极数码管，则运算符为_____，参与该运算的数值是_____。

③程序中，若启动 A/D 转换的两条语句互换，则数码管显示为_____；如果将允许输出语句改为 oe = 0；，则数码管显示为_____。

拓展知识

一、常用 74LS 系列芯片

74LS 系列芯片主要包括逻辑门（7SLS04）、锁存器（74LS373）、触发器（74LS74）、驱动器（74LS245）、译码器（74LS138）等。

1. 非门 74LS04

74LS04 是 6 非门（反相器），工作电压为 5 V，内部含有 6 个 CMOS 反相器，其功能是将输入信号反相输出。74LS04 引脚图如图 5 - 6 所示，其中，A1 ~ A6：输入端；Y1 ~ Y6：输出端；VCC：电源端；GND：接地端。74LS04 功能真值表见表 5 - 2。

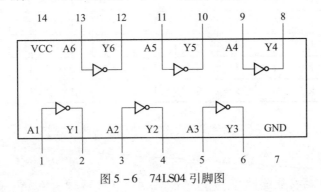

图 5 - 6　74LS04 引脚图

2. 译码器 74LS138

74LS138 是 3—8 线译码器，具有 3 个译码输入端、8 个译码输出端、3 个使能端。其功能是将输入信号译码确定输出信号。74LS138 引脚图如图 5 - 7 所示，其中，A ~ C：输入端；$\overline{Y0}$ ~ $\overline{Y7}$：输出端，低电平有效；$\overline{E1}$ ~ $\overline{E2}$：使能端，低电平有效；E3：使能端，高电平有效。74LS138 功能真值表见表 5-3。

表 5-2　74LS04 功能真值表

输入	输出
A	Y
1	0
0	1

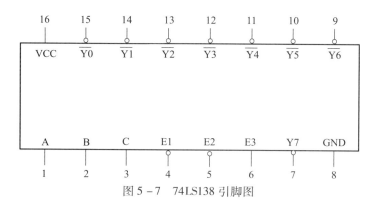

图 5-7　74LS138 引脚图

表 5-3　74LS138 功能真值表

使能			输入			输出							
E3	$\overline{E2}$	$\overline{E1}$	C	B	A	$\overline{Y0}$	$\overline{Y1}$	$\overline{Y2}$	$\overline{Y3}$	$\overline{Y4}$	$\overline{Y5}$	$\overline{Y6}$	$\overline{Y7}$
1	0	0	0	0	0	0	1	1	1	1	1	1	1
1	0	0	0	0	1	1	0	1	1	1	1	1	1
1	0	0	0	1	0	1	1	0	1	1	1	1	1
1	0	0	0	1	1	1	1	1	0	1	1	1	1
1	0	0	1	0	0	1	1	1	1	0	1	1	1
1	0	0	1	0	1	1	1	1	1	1	0	1	1
1	0	0	1	1	0	1	1	1	1	1	1	0	1
1	0	0	1	1	1	1	1	1	1	1	1	1	0
0	×	×	×	×	×	1	1	1	1	1	1	1	1

知识检测

1. 芯片 74LS04 的功能是_____，芯片 74LS138 的功能是_____。
2. 芯片 74LS138 中 E3 端的功能是_____，其有效时电平状态是_____；A 端的功能是_____；Y1 的功能是_____，其有效时输出的电平状态是_____。

二、ADC0809 工作方式

1. 查询工作方式

ADC0809 查询工作方式是将 EOC 引脚接单片机的 I/O 引脚线，当查询到 EOC 引脚变为高电平时，A/D 转换结束，读入转换结果。ADC0809 查询工作方式接线图如图 5-8 所示。

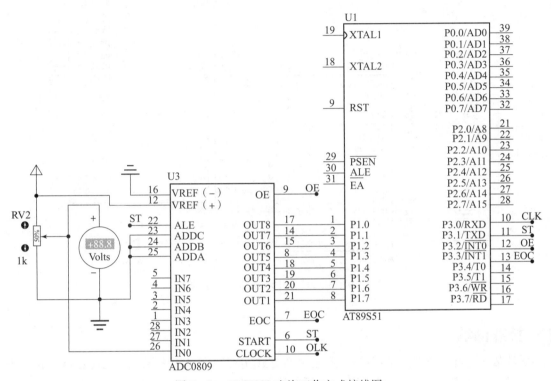

图 5-8　ADC0809 查询工作方式接线图

2. 中断工作方式

ADC0809 中断工作方式是将 EOC 引脚经非门接单片机的外部中断请求线，转换结束后，将其经过反相器取反后，作为中断请求信号向单片机提出中断申请，在中断服务程序中读入转换结果。ADC0809 中断工作方式接线图如图 5-9 所示。

> **知识检测**
>
> 1. ADC0809 的三种工作方式分别是_____、_____和_____。
> 2. ADC0809 中，EOC 引脚悬空时，其工作方式是_____；EOC 引脚接单片机 P3.2 引脚时，其工作方式是_____；EOC 引脚经 74LS04 后接单片机 P3.2 引脚时，其工作方式是_____。

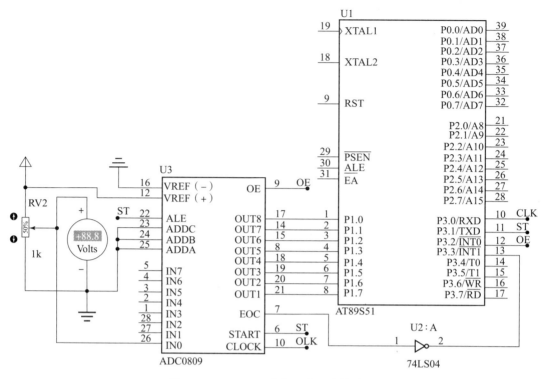

图 5-9 ADC0809 中断工作方式接线图

技能训练

设计数字电压表中断控制系统，采用中断方式实现数字电压表显示两路电压测量值。开关断开时，采集通道 IN0；开关闭合后，采集通道 IN1。设计要求如下：

① 利用 Proteus 软件设计硬件电路，其中译码器采用 74LS138、反相器采用 74LS04，补全如图 5-10 所示参考硬件电路。

② 利用 Keil 软件设计软件程序，补全下列参考软件程序。

③ 进行数字电压表中断控制系统软硬件联调，观察开关闭合前后数码管显示情况。

```
#include<reg51.h>
#define uchar unsigned char
#define uint  unsigned int

_____                //时钟位变量定义
_____                //转换开始位变量定义
_____                //输出允许位变量定义
_____                //译码 A 位变量定义
```

项目五 智能电子产品控制系统设计

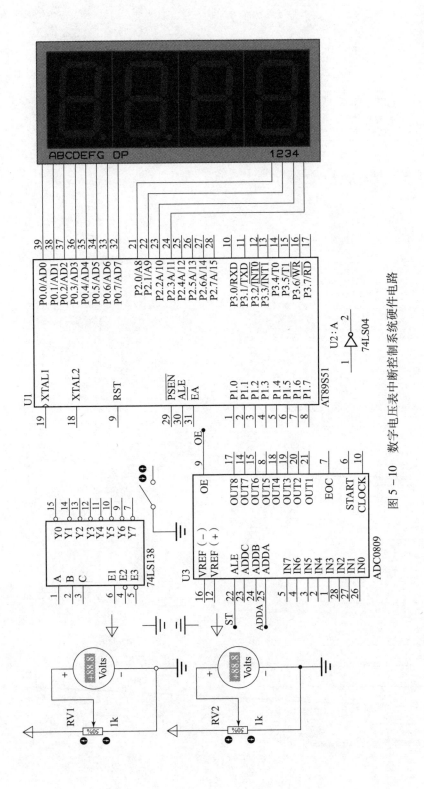

图 5-10 数字电压表中断控制系统硬件电路

```
_____                              //译码B位变量定义
_____                              //译码C位变量定义
_____                              //开关位变量定义
_____             //数码管字型码表(含U)

_____             //位码数组定义
_____             //段码数组定义
_____                              //全局变量定义
/****** 含参延时函数 ****** /
void delay( )
{略}
/****** A/D 转换函数 ****** /
_____                                  //函数定义
{
    _____                          //地址锁存和清除内部寄存器
    _____                          //地址锁存和清除内部寄存器
    _____                          //启动 A/D 转换
    _____                          //读取数据
}
/****** 数码管显示函数 ****** /
_____                                  //函数定义
{
    _____                          //变量定义
    _____                          //数据处理
    _____                          //第一位显示段码
    _____                          //第二位显示段码
    _____                          //第三位显示段码
    _____                          //第四位显示段码
    _____                          //循环控制
    {
        _____                          //位码控制
        _____                          //段码控制
        _____                          //调用延时函数
    }
}
/****** 初始化函数 ****** /
_____                                  //函数定义
{
```

```
                  _____          //设置定时器工作方式
                  _____          //装初值
                  _____          //装初值
                  _____          //设置中断允许寄存器
                  _____          //启动定时器
                  _____          //设置外部中断触发方式
}
/****** 开关处理函数 ****** /
_____                            //函数定义
{
        _____                    //判断开关是否闭合
        {
                _____            //译码A位赋值
                _____            //译码B位赋值
                _____            //译码C位赋值
        }
        _____                    //条件不成立
        {
                _____            //译码A位赋值
                _____            //译码B位赋值
                _____            //译码C位赋值
        }
}
/****** 主函数 ****** /
void main()
{
        _____                    //调用初始化函数
        while(1)
        {
                _____            //调用开关处理函数
                _____            //调用A/D转换函数
                _____            //调用数码管显示函数
        }
}
/****** 定时中断函数 ****** /
_____                            //函数定义
{
        _____                    //时钟信号处理
```

```
}
/****** 外部中断函数 ****** /
_____                    //函数定义
{
    _____                //允许输出
}
```

设计完成后，回答以下问题：

①电路中，若采集通道改为 IN1 和 IN2，则还需要将 ADC0809 的引脚_____连接 74LS138 的引脚_____。

②电路中，若将 74LS04 去掉，则可用的工作方式为_____；若将 74LS04 改为或非门 74LS02，则或非门的两个输入端均为_____。

③程序中，A/D 转换函数中的读取语句去掉，则数码管显示内容为_____，导致显示结果有误差的原因是程序中的语句_____。

④程序中，若改为开关断开时采集通道 IN1，开关闭合时采集通道 IN2，则开关处理函数中，开关闭合时译码 A 赋值语句改为_____，译码 B 赋值语句改为_____。

思考练习

设计数字电压表查询控制系统，设计要求如下：

①采用查询方式实现数字电压表显示两路电压测量值，开关断开时采集通道 IN1，开关闭合后采集通道 IN2。

②补全数字电压表查询控制系统如图 5-11 所示的硬件电路。

③补全数字电压表查询控制系统如下软件程序：

```
#include<reg51.h>
#define uchar unsigned char
#define uint unsigned int
_____                    //时钟位变量定义
_____                    //转换开始位变量定义
_____                    //转换结束位变量定义
_____                    //输出允许位变量定义
_____                    //译码 A 位变量定义
_____                    //译码 B 位变量定义
_____                    //译码 C 位变量定义
_____                    //开关位变量定义
/***** 数码管数组定义 ***** /
uchar led[ ] = { 略 };               //数码管字型码表
```

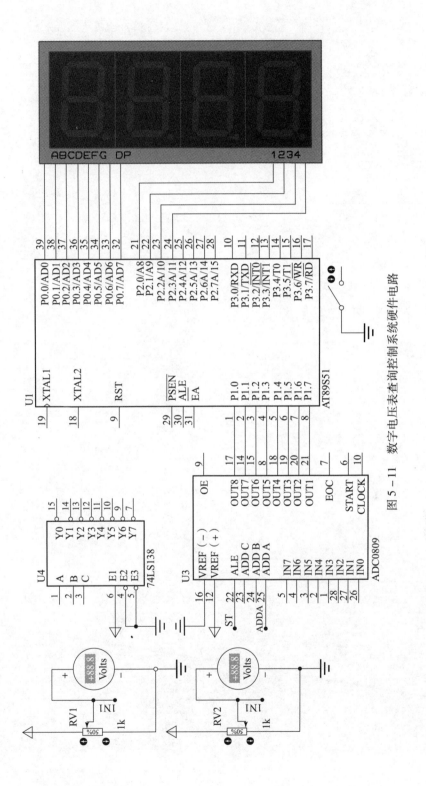

图 5-11 数字电压表查询控制系统硬件电路

```
uchar w[] = { 略 };                        //位码数组定义
uchar d[] = { 略 };                        //段码数组定义
_____                            //全局变量定义
/****** 含参延时函数 ******/
void delay()
{略}
/****** A/D 转换函数 ******/
_____                            //函数定义
{
    _____                        //地址锁存和清除内部寄存器
    _____                        //地址锁存和清除内部寄存器
    _____                        //启动 A/D 转换
    _____                        //读取数据
    _____                        //查询转换结束标志
    _____                        //允许输出
}
/****** 数码管显示函数 ******/
_____                            //函数定义
{
    _____                        //变量定义
    _____                        //数据处理
    _____                        //第一位显示段码
    _____                        //第二位显示段码
    _____                        //第三位显示段码
    _____                        //第四位显示段码
    _____                        //循环控制
    {
        _____                    //位码控制
        _____                    //段码控制
        _____                    //调用延时函数
    }
}
/****** 初始化函数 ******/
_____                            //函数定义
{
    _____                        //设置定时器工作方式
```

```
          _____          //装初值
          _____          //装初值
          _____          //设置中断允许寄存器
                                    //启动定时器
}
/****** 开关处理函数 ****** /
_____
{
          _____          //函数定义

              _____      //判断开关是否闭合
              {
                  _____  //译码 A 位赋值
                  _____  //译码 B 位赋值
                  _____  //译码 C 位赋值
              }
              _____      //条件不成立
              {
                  _____  //译码 A 位赋值
                  _____  //译码 B 位赋值
                  _____  //译码 C 位赋值
              }
}
/****** 主函数 ****** /
void main( )
{
          _____          //调用初始化函数
          while(1)
          {
              _____      //调用开关处理函数
              _____      //调用 A/D 转换函数
              _____      //调用数码管显示函数
          }
}
/****** 定时中断函数 ****** /
_____
{
          _____          //函数定义

          _____          //时钟信号处理
}
```

任务2　波形发生器控制系统设计

知识目标	技能目标	素养目标
1. 会分析 DAC0832 技术指标及功能； 2. 会分析 DAC0832 内部结构及接线方式。	1. 会设计与应用 D/A 数模转换芯片； 2. 会设计与调试波形发生器控制系统。	1. 操作规范，符合 5S 管理要求； 2. 具备自主学习和思维拓展能力。

设计要求：利用 D/A 转换芯片 DAC0832 设计能够循环输出方波、锯齿波和三角波信号的波形发生器，系统默认输出方波。当按键第一次按下时，输出锯齿波，第二次按下时，输出三角波，第三次按下时，再重新输出方波，依此类推。

任务分析：①单片机处理信号为数字量，信号发生器输出模拟量，因此，需将数字量经过 D/A 转换芯片将数字量变为模拟量，常用的 D/A 转换芯片为 DAC0832；②DAC0832 内部逻辑结构主要由输入寄存器、DAC 寄存器和 D/A 转换器 3 部分组成，其工作方式有直通方式、单缓冲方式和双缓冲方式 3 种。

知识导航

一、D/A 转换器概述

1. D/A 转换器定义及分类

数模转换器（Digital Analog Converter）是一种将数字量转换成模拟量的电子器件，简称为 D/A，是应用广泛的接口芯片器件。目前常用的 D/A 转换器是由 T 形电阻网络构成的，其各支路的电流信号经过电阻网络加权后，由运算放大器求和并变换成电压信号，作为 D/A 转换器的输出。

D/A 转换器依据数字量的位数分，有 8 位、10 位、12 位和 16 位 4 种；依数字量的传送方式分，有并行和串行两种；依转换器输出方式分，有电流输出型和电压输出型。

2. D/A 转换器性能指标

（1）分辨率

输入数字量最低有效位发生变化时，所对应输出模拟量的变化量，位数越多，分辨率就越高。例如，SV 满量程 8 位 D/A 转换器的分辨率为 5 V/256 = 19.6 mV；12 位 D/A 转换器的分辨率为 5 V/4 096 = 1.22 mV。

（2）建立时间

描述 D/A 转换速度快慢的参数，定义为从输入数字量变化到输出达到终值误差 ±1/2 LSB（最低有效位）所需的时间。高速 D/A 转换器的建立时间可达 1 μs。电流输出型建立时间短，电压输出型建立时间取决于运放的响应时间。

（3）转换精度

以最大静态转换误差的形式给出，包含非线性误差、比例系数误差及漂移误差等综合误差。转换精度与分辨率是两个不同的概念,转换精度是指转换后所得的实际值与理论值的接近程度。而分辨率是指能够对转换结果发生影响的最小输入量。分辨率高的转换器不一定具有很高的转换精度。

> **知识检测**
>
> 1. 数模转换器的功能是将_____量转换为_____量,其简称为_____。
> 2. D/A 转换器按数字量的传送方式可分为_____和_____两种。
> 3. D/A 转换器常用的性能指标包括_____、_____和_____。

二、DA 转换芯片 DAC0832

1. DAC0832 功能及引脚

DAC0832 是双列直插式的 8 位 D/A 转换器,可直接与单片机相连,以电流形式输出,当需要转换为电压输出时,可外接运算放大器。DAC0832 引脚如图 5 – 12 所示,内部逻辑结构图如图 5 – 13 所示,包括输入寄存器、DAC 寄存器、D/A 转换器、反馈电阻和门电路,各引脚功能如下:

①DI0 ~ DI7:数字量输入信号线。可以直接和数据总线相连,DI0 为最低位,DI7 为最高位。

②ILE:输入锁存允许信号,高电平有效。只有当 ILE = 1 时,输入数字量才可能进入 8 位输入寄存器。

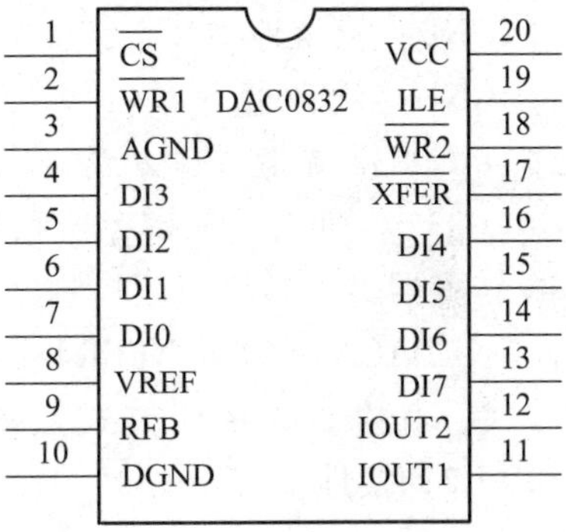

图 5 – 12 DAC0832 引脚图

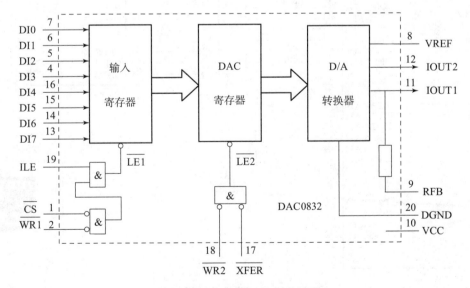

图 5 – 13 DAC0832 内部结构图

③$\overline{\text{CS}}$：片选输入，低电平有效。

④$\overline{\text{WR1}}$：输入寄存器写选通信号，低电平有效。只有当$\overline{\text{WR1}} \cdot \overline{\text{CS}} = 0$时，才打开输入寄存器。

⑤$\overline{\text{XFER}}$：数据传送控制信号，低电平有效；

⑥$\overline{\text{WR2}}$：DAC 寄存器写选通信号，低电平有效。只有当$\overline{\text{WR2}} \cdot \overline{\text{XFER}} = 0$时，才打开DAC 寄存器。

⑦IOUT1：DAC 电流输出 1，当 DAC 寄存器中为全 1 时，输出电流最大，当 DAC 寄存器中为全 0 时，输出电流为 0。

⑧IOUT2：DAC 电流输出 2，IOUT1 + IOUT2 = 常数（固定的参考电压下满刻度值）。

⑨VREF：参考电压输入，接外部的标准电源，VREF 一般可在 ±10 V 范围内选用。

⑩RFB：反馈电阻引出端，反馈电阻在芯片内部。DAC0832 输出的是电流，为了取得电压输出，需在电压输出端接运算放大器。

⑪VCC：电源输入端。

⑫AGND：模拟地。

⑬DGND：数字地。

2. DAC0832 直通工作方式

DAC0832 内部有输入寄存器和 DAC 寄存器两个，输入信号要经过这两个寄存器才能进入 D/A 转换器进行转换，而控制这两个寄存器的信号有 5 个，即输入寄存器由 ILE、$\overline{\text{CS}}$ 和 $\overline{\text{WR1}}$ 控制，DAC 寄存器由 $\overline{\text{XFER}}$ 和 $\overline{\text{WR2}}$ 控制。根据单片机控制方式的不同，DAC0832 有三种工作方式，其中直通工作方式如图 5 – 14 所示，此时引脚 ILE 接电源，引脚 $\overline{\text{CS}}$、$\overline{\text{XFER}}$、$\overline{\text{WR1}}$ 和 $\overline{\text{WR2}}$ 均接地。

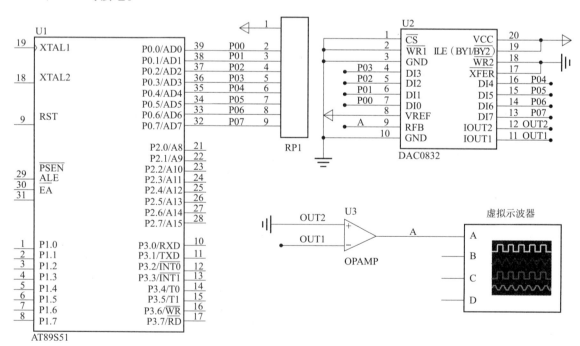

图 5 – 14　DAC0832 直通工作方式

项目五 智能电子产品控制系统设计

图中 DAC0832 的数字量输入 DIN0~DIN7 分别连接单片机的数据口 P0.0~P0.7（RP1 为上拉排阻）；片选端$\overline{CS}$、数据传送控制端$\overline{XFER}$、写选通信号$\overline{WR1}$和$\overline{WR2}$均接地，输入数据直接进入 D/A 转换器进行转换；参考电压输入端 VREF 和输入锁存允许端 ILE 均接电源；电流输出端 IOUT1 和 OUT2 分别连接运算放大器 OPAMP 的反相和同相输入端，同时还需 OUT2 接地；运算放大器 OPAMP 的输出端连接虚拟示波器的 A 通道，其中虚拟示波器在 Proteus 左侧的仪器仪表 中选取，仿真时可以调节虚拟示波器中波形的幅值和周期。

知识检测

1. 芯片 DAC0832 是_____转换器，其输出量是_____。
2. DAC0832 的输入引脚为_____，输出引脚为_____。
3. DAC0832 片选引脚为_____，写选通引脚为_____，数据传送控制引脚为_____，输入锁存允许引脚为_____。
4. DAC0832 直通方式工作时，引脚 ILE 接_____，引脚$\overline{XFER}$接_____，引脚$\overline{CS}$接_____，引脚$\overline{WR1}$接_____，引脚$\overline{WR2}$接_____。

任务实施

一、硬件电路

补全如图 5-15 所示的波形发生器控制系统硬件电路。

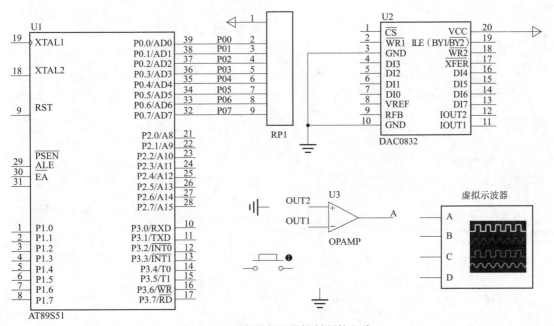

图 5-15 波形发生器控制硬件电路

二、软件程序

补全如下波形发生器控制控制系统软件程序：

```
#include <reg51.h>
#define uchar unsigned char
_____              //按键位变量定义
/****** 含参延时函数 ****** /
{略}
/****** 方波函数 ****** /
_____              //函数定义
{
    _____          //输出高电平
    _____          //调用含参延时函数
    _____          //输出低电平
    _____          //调用含参延时函数
}
/****** 锯齿波函数 ****** /
_____              //函数定义
{
    _____          //变量定义
    _____          //循环控制
    {
        _____      //输出波形
        _____      //调用含参延时函数
    }
}
/****** 三角波函数 ****** /
_____              //函数定义
{
    _____          //变量定义
    _____          //循环控制
    {
        _____      //输出波形
        _____      //调用含参延时函数
    }
    _____          //循环控制
    {
        _____      //输出波形
```

```
                    _____          //调用含参延时函数
               }
}
/****** 按键处理函数 ****** /
_____                              //函数定义
{
        _____                      //变量定义
        _____                      //锁存器置 1
        _____                      //按键判断
        {
                _____              //延时消抖
                _____              //按键判断
                {
                        _____      //计数器加 1
                        _____      //计数器终值判断
                                _____  //计数器清 0

                        _____      //按键释放判断
                        {
                        }
                        _____      //多分支选择
                        {
                                _____  //选择方波
                                _____  //选择锯齿波
                                _____  //选择三角波
                        }
                }
        }
}
/****** 主函数 ****** /
void main()
{
        while(1)
        {
                _____              //调用按键处理函数
        }
}
```

三、系统调试

进行 Proteus 软件和 Keil 软件联调，按下按键观察虚拟示波器工作情况，并回答以下问题。

①若将硬件电路中排阻 R_{P1} 去掉，则系统工作情况为_____；若将运算放大器

OPAMP去掉，则系统工作情况为_____。

②若将运算放大器OPAMP中同相接地端去掉，则虚拟示波器显示_____；若将运算放大器OPAMP中OUT1和OUT2互换，则虚拟示波器显示_____。

③程序中延时函数定义为含参函数的原因是_____。若1个机器周期为1 μs，调用含参延时函数语句为delay(1);，则三角波的周期为_____。

④程序中改变方波波形周期的方法是改变_____，改变方波波形幅值的方法是改变_____。

拓展知识

一、DAC0832工作方式

1. 单缓冲工作方式

根据单片机控制方式的不同，DAC0832还有两种工作方式：单缓冲工作方式和双缓冲工作方式。单缓冲方式就是使DAC0832的两个输入寄存器中一个处于直通方式，而另一个处于受控的缓冲方式，或者使两个输入寄存器同时处于受控的方式，一般都是将8位DAC寄存器置于直通方式。单缓冲工作方式如图5-16所示，此时将$\overline{WR1}$与单片机的$\overline{WR}$引脚连接，将$\overline{CS}$引脚接单片机的P2口引脚，$\overline{WR2}$和$\overline{XFER}$引脚直接接地。

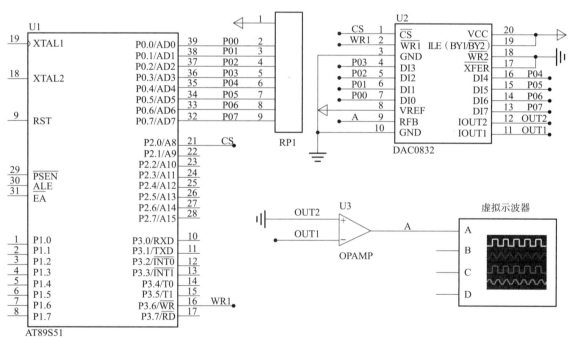

图5-16 DAC0832单缓冲工作方式

2. 双缓冲工作方式

双缓冲方式就是使DAC0832的两个输入寄存器均处于受控的缓冲方式。双缓冲工作方式如图5-17所示，此时将引脚$\overline{WR1}$和$\overline{WR2}$均与单片机的$\overline{WR}$引脚连接，将$\overline{CS}$和$\overline{XFER}$引脚分别接单片机的P2口引脚。

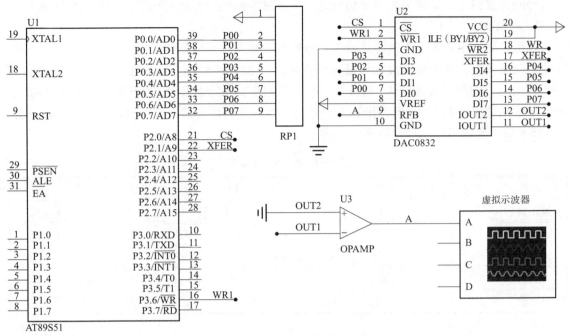

图 5-17 DAC0832 双缓冲工作方式

3. 绝对地址访问头文件

绝对地址访问头文件为 <absacc.h>，它可使用其中定义的宏来访问绝对地址，包括 CBYTE、XBYTE、DWORD 等。对于单片机来说，DAC0832 工作在单缓冲方式和双缓冲方式时，均属于片外芯片，需要访问片外存储器地址。其定义格式为#define XBYTE((unsigned char volatile xdata *)0)，其中 xdata 是 large 存储类型，volatile 是通过硬件来改变指针指向的内容，此语句的功能为定义 XBYTE 为指向 xdata 地址空间 unsigned char 数据类型的指针，指针值为 0。可以直接用 XBYTE[0xnnnn] 或 *(XBYTE+0xnnnn) 访问外部 RAM。在图 5-16 中，由于$\overline{CS}$为低电平有效，所以 DAC0832 的绝对地址为满足 P2.0 引脚为低电平，P0 和 P2 其他引脚为任意电平的地址均可，通常设定为高电平，由此可得到的 DAC0832 的一个地址为 0xfeff，因此定义其为 DAC0832 XBYTE [0xfeff]。

> **知识检测**
>
> 1. DAC0832 根据控制方式，有_____、_____和_____三种工作方式。
> 2. DAC0832 单缓冲工作方式时，若使两个寄存器同时受控，则需将单片机的引脚 P3.6 连接_____和_____，将引脚 P2.0 连接_____和_____。
> 3. 若控制引脚为低电平有效，无关引脚为高电平，则图 5-17 中 DAC0832 的两个寄存器片外绝对地址分别是_____和_____。

二、正弦波波形控制

正弦波是一种来自数学三角函数中的正弦比例的曲线，也是模拟信号的代表，与代表数字信号的方波相对,是常见的波形信号之一。正弦波的编程方法常用数组法和函数法两种。

1. 数组法

数组法是从正弦波上等间距取若干个特征点,换算出对应的数字量,存放在数组中编程实现正弦波波形。由于正弦波波形是非线性的,以 3°为步长值等间距取点,设正弦波波峰(90°)时对应的数字量为 250,波谷(270°)时对应的数字量是 0,则正弦波在 0°和 180°时对应的数字量均为 125,由此可推算出正弦波的数字量计算公式为:$X = 125 + 125 * \sin\theta$,这里 $125 * \sin\theta$ 为修正值,0°~90°修正值见表 5-4。

表 5-4 0°~90°修正值

角度	3°	6°	9°	12°	15°	18°	21°	24°	27°	30°
修正值	7	13	19	26	33	39	45	51	57	62
角度	33°	36°	39°	42°	45°	48°	51°	54°	57°	60°
修正值	68	73	78	83	88	93	97	101	105	108
角度	63°	66°	69°	72°	75°	78°	81°	84°	87°	90°
修正值	112	115	117	119	121	122	123	124	125	125

正弦波与三角波类似,在 0°~90°与 90°~180°对称,可推算出正弦波 90°~180°的数字量与 0°~90°顺序相反,而正弦波在 180°~270°的数字量减去修正值即为其数字量,同理,270°~360°的数字量与 180°~270°顺序相反。编程时,只需将这些修正值构成数组,然后进行分段处理即可输出完整的正弦波。

2. 函数法

函数法是利用数学函数头文件 <math.h> 中的正弦函数 sin(x)。由于 sin(x)函数中变量的数据类型为 double,所以应用之前需先将变量类型进行强制处理,如将字符型变量 i 强制转换为双精度实型变量 j 的语句为:j = (double)(i);。另外,由于 0~2π 的取值限制,可以将角度先放大 100 倍再缩小为 1/4,即可实现将 0~2π(0~6.28)换算为 0~157。为了使正弦波数值范围为 0~250,需将其调整为 125 + 125 * sin(x),以便于编程处理。正弦波程序段如下:

```
void zheng()
{
    uchar i,j;                          //无符号型变量定义
    double m,n;                         //双精度实型变量定义
    for(i = 0;i < 157;i ++ )            //循环控制
    {
        m = (double)(i * 4)/100;        //数据变换
        n = 125 + 125 * sin(m);         //数值计算
        j = (uchar)(n);                 //数据变换
    }
}
```

知识检测

1. 正弦波编程方法常用的有_____和_____两种。
2. 正弦波修正值计算公式为_____。180°~270°时，数字量计算公式为_____。
3. 数学函数头文件是_____。若将字符型变量强制转换为整型变量，控制语句为_____。

技能训练

设计波形发生器单缓冲控制系统，实现按键控制波形发生器交替输出正弦波和方波控制。设计要求如下：

①利用 Proteus 软件设计硬件电路，补全如图 5-18 所示参考硬件电路。

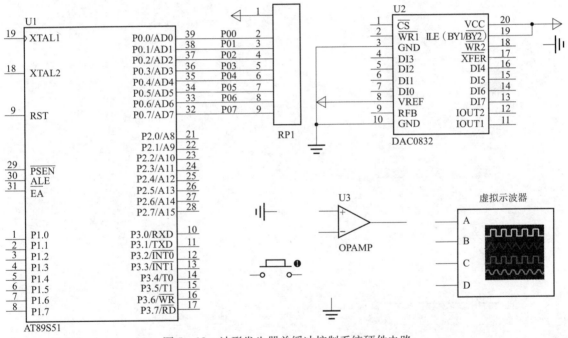

图 5-18　波形发生器单缓冲控制系统硬件电路

②利用 Keil 软件设计软件程序，补全下列参考软件程序。
③进行波形发生器单缓冲控制系统软硬件联调，观察波形发生器工作情况。

```
#include<reg51.h>
_____                        //绝对地址访问头文件
_____                        //数学函数头文件
#define uchar unsigned char
_____                        //DAC 地址宏定义
```

```
_____                              //位变量定义
/****** 500ms 延时函数 ****** /
{略}
/****** 方波函数 ****** /
_____                              //函数定义
{
        _____                      //输出高电平
        _____                      //调用延时函数
        _____                      //输出低电平
        _____                      //调用延时函数
}
/****** 正弦波函数 ****** /
_____                              //函数定义
{
        _____                      //无符号字符型变量定义
        _____                      //双精度实型变量定义
        _____                      //循环控制
        {
                _____              //数据变换
                _____              //数据计算
                _____              //数据变换
                _____              //数据输出
        }
}
/****** 主函数 ****** /
void main()
{
        _____                      //允许外部中断
        _____                      //设置外部中断触发方式
        while(1)
        {
                _____              //标志位判断
                _____              //正弦波输出
                _____              //标志位判断
                _____              //方波输出
        }
}
/****** 外部中断函数 ****** /
_____                              //函数定义
```

```
                                //标志位处理
    _____
}
}
```

设计完成后回答以下问题:

①电路中若片选端$\overline{CS}$接单片机 P2.7 引脚,则 DAC0832 的地址为_____;若写选通信号$\overline{WR1}$接单片机 P3.7 引脚,则波形发生器的工作情况为_____。

②电路中,若改为输入寄存器直通,DAC 寄存器缓冲,则 DAC0832 控制引脚中接单片机 P2.7 引脚的是_____,接单片机 P3.7 引脚的是_____。

③程序中,若将角度先放大 100 倍再缩小为 1/3,则循环变量终值为_____,此时正弦波波形的周期将_____。

④程序中若将正弦波函数中的数据计算语句改为 n = 250 * sin(m);,则波形变化为_____;若将 125 改为 100,则波形的_____发生变化。

思考练习

设计波形发生器双缓冲控制系统,设计要求如下:
①实现按键控制波形发生器交替输出正弦波和方波控制。
②补全波形发生器双缓冲控制系统如图 5 - 19 所示的硬件电路。
③补全波形发生器双缓冲控制系统如下软件程序。

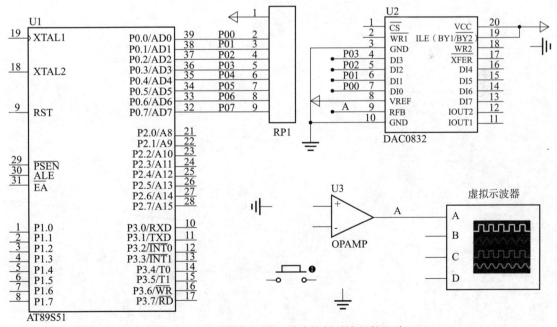

图 5 - 19 波形发生器双缓冲控制系统硬件电路

```
#include<reg51.h>
_____                    //绝对地址访问头文件
#define uchar unsigned char
_____                    //DAC1 地址宏定义
_____                    //DAC2 地址宏定义
_____                    //位变量定义
_____            //正弦波修正值数组
_____
_____

/****** 含参延时函数 ****** /
{略}
/****** 方波函数 ****** /
_____                    //函数定义
{
    _____               //高电平一级缓存输入
    _____               //高电平二级缓存输入
    _____               //调用含参延时函数
    _____               //低电平一级缓存输入
    _____               //低电平二级缓存输入
    _____               //调用含参延时函数
}
/****** 正弦波函数 ****** /
_____                    //函数定义
{
    _____               //变量定义
    _____               //0°~90°时循环控制
    {
        _____           //一级缓存输入
        _____           //二级缓存输入
        _____           //调用含参延时函数
    }
    _____               //90°~180°时循环控制
    {
        _____           //一级缓存输入
        _____           //二级缓存输入
        _____           //调用含参延时函数
    }
```

```
          _____//180°~270°时循环控制
          {
                _____//一级缓存输入
                _____//二级缓存输入
                _____//调用含参延时函数
          }
          _____//270°~360°时循环控制
          {
                _____//一级缓存输入
                _____//二级缓存输入
                _____//调用含参延时函数
          }
}
/****** 主函数 ******/
void main()
{
          _____              //允许外部中断
          _____              //设置外部中断触发方式
     while(1)
     {
          _____              //标志位判断
                _____        //正弦波输出
          _____              //标志位判断
                _____        //方波输出
     }
/****** 外部中断函数 ******/
_____                        //函数定义
{
     _____                   //标志位处理
}
}
```

参 考 文 献

［1］张铮. 单片机与嵌入式系统基础与实训［M］. 北京：清华大学出版社，2011.
［2］林立，张俊亮. 单片机原理及应用——基于 Proteus 和 Keil C［M］. 北京：电子工业出版社，2014.
［3］刘燎原. 基于 Proteus 的单片机项目实践教程［M］. 北京：电子工业出版社，2012.
［4］郭志勇. 单片机应用技术项目实践教程（C 语言版）［M］. 北京：中国水利水电出版社，2011.
［5］徐海峰，叶钢. C51 单片机项目式教程［M］. 北京：清华大学出版社，2011.
［6］迟忠君. 单片机应用技术［M］. 北京：人民邮电出版社，2013.
［7］贺洪，谢健庆. 单片机应用技术典型项目教程［M］. 北京：机械工业出版社，2013.
［8］陈海松. 单片机应用技能项目化教程［M］. 北京：电子工业出版社，2012.
［9］刘继光. 单片机应用技术［M］. 北京：北京邮电大学出版社，2013.